序

　　即使利用 Arduino 來開發各類應用已在全球颳起多年的風潮，但相關軟硬體的進入門檻仍讓許多人望之卻步，尤其是年齡層較小的學生。

　　本書利用可支援各類 Arduino 程式開發軟體的慧手科技 S4A Sensor Board，取代原本需利用麵包板插線外接才能使用的各式輸出入元件，藉由擴充板上原本內建或可由 RJ11 連接線外接的各式模組，讓初學者可以簡單地跨過硬體接線的障礙開始練習。而軟體開發部分則採用免費且直覺的線上圖控式程式編輯軟體 motoBlockly 與 mBlock，讓初學者可以更輕鬆的編寫，並上傳屬於自己的 Arduino 程式。

　　藉由書中的 18 種 Arduino 外接裝置介紹及 26 個相關的練習範例，相信讀者很快地就能對 Arduino 的各類使用感到熟悉，進而能夠開發出適合自己的應用。

　　最後，感謝台科大圖書公司范總經理的支持，及全體團隊的通力合作，讓本書得以順利出版！

編者　謹識

目錄

0 前置作業　　1
軟體與教具　　2

1 Arduino、IDE 與 motoBlockly 介紹　　5
1-1　認識 Arduino　　6
1-2　安裝 Arduino IDE 與驅動程式　　14
1-3　motoBlockly 的前置安裝及使用簡介　　19
1-4　motoBlockly 操作介面說明　　28

2 Sensor Board 基礎應用 I　　33
2-1　認識 S4A Sensor Board　　34
2-2　單色 LED 入門　　38
　　範例 1：單色 LED I　　40
　　範例 2：單色 LED II　　43
2-3　按鈕與蜂鳴器（Buzzer）　　46
　　範例 3：按鈕與單色 LED　　48
　　範例 4：按鈕與蜂鳴器 I　　53
　　範例 5：按鈕與蜂鳴器 II　　58
　　範例 6：按鈕、單色 LED 與蜂鳴器　　62
實作題　　64

Arduino
智慧生活基礎應用

使用圖控化 motoBlockly 程式語言

附 MOSME 行動學習一點通 擴增* 加值*

慧手科技 徐瑞茂・林聖修 —— 編著

3　Sensor Board 基礎應用 II　　65

3-1　滑桿可變電阻與 RGB LED　　66
　　範例 1：滑桿可變電阻與單色 LED　　68
　　範例 2：按鈕與 RGB LED　　71
　　範例 3：滑桿可變電阻、按鈕與 RGB LED　　74

3-2　光感測器與聲音感測器　　78
　　範例 4：光感測器與聲音感測器　　80
　　範例 5：光感測器與 RGB LED　　84
　　範例 6：聲音感測器與 RGB LED　　87

實作題　　89

4　Arduino 外接元件應用介紹 I　　91

4-1　Arduino 外接元件前導介紹　　92

4-2　角度伺服馬達（Servo）　　94
　　範例 1：滑桿可變電阻與角度伺服馬達 SG90　　96

4-3　直流馬達　　100
　　範例 2：按鈕、滑桿可變電阻與直流馬達　　101

4-4　微動開關　　104
　　範例 3：微動開關與 SG90　　105

4-5　磁簧開關　　108
　　範例 4：磁簧開關與蜂鳴器　　109

4-6　傾斜開關　　112
　　範例 5：傾斜開關與單色 LED　　113

4-7　XY 雙軸類比搖桿模組　　116
　　範例 6：XY 雙軸搖桿模組與蜂鳴器　　118

實作題　　121

5　Arduino 外接元件應用介紹 Ⅱ　123

- 5-1　溫溼度感測套件組　124
  - 範例 1：LM35 溫度感測模組　126
  - 範例 2：LM35 溫度感測模組與直流馬達風扇　129
  - 範例 3：雨滴感測模組與 SG90　133
  - 範例 4：土壤溼度感測模組　136
- 5-2　1602 LCD 模組　138
  - 範例 5：1602 LCD 與滑桿可變電阻　139
  - 範例 6：1602 LCD　144
- 5-3　超音波距離感測器　146
  - 範例 7：超音波距離感測器與單色 LED　148
  - 範例 8：超音波距離感測器與蜂鳴器　152
- 實作題　154

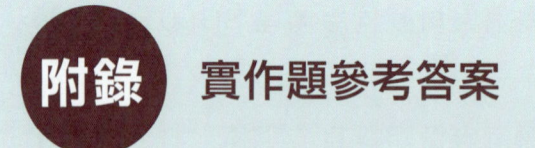

附錄　實作題參考答案　155

本書所引述的圖片及網頁內容，純屬教學及介紹之用，著作權屬於法定原著作權享有人所有，絕無侵權之意，在此特別聲明，並表達深深的感謝。

motoBlockly 與 mBlock 範例程式下載說明：
為方便讀者學習本書關鍵程式，請至本公司 MOSME 行動學習一點通網站（http://www.mosme.net/），於首頁的關鍵字欄輸入本書相關字（例如：書號、書名、作者）進行書籍搜尋，尋得該書後即可於〔學習資源〕頁籤下載程式範例檔案使用。

第 0 章
前置作業

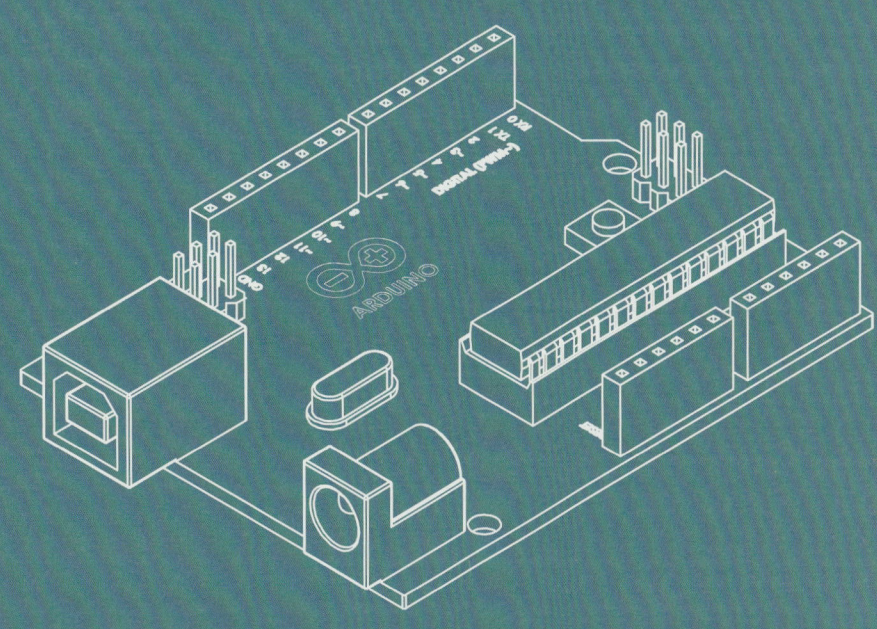

工欲善其事，必先利其器！在開始進入學習主題之前，我們先來看看要準備的東西有哪些呢？

 軟體與教具

軟體：Arduino IDE（程式開發環境軟體）、motoBlockly（線上程式編輯軟體）、mBlock（離線版圖控式軟體）。

教具：各個範例及實作題材料清單如下。

材料名稱	第2章 範例 1	2	3	4	5	6	實作題 LED 跑馬燈	聖誕鐘聲	第3章 範例 1	2	3	4	5	6	實作題 Arduino 小提琴	呼吸燈
Motoduino U1 控制板	●	●	●	●	●	●	●	●	●	●	●	●	●	●	●	●
S4A Sensor Board 互動學習版 V3	●	●	●	●	●	●	●	●	●	●	●	●	●	●	●	●
角度伺服馬達 SG90																
小馬達																
小風扇葉片																
微動開關																
磁簧開關																
傾斜開關																
XY 雙軸類比搖桿模組																
LM35 線性溫度感測模組																
雨滴與土壤溼度感測器模組																
1602 LCD 模組																
HC-SR04 超音波感測器																
RJ11 線與 RJ11 轉 4pin 杜邦傳輸線																
USB 線	●	●	●	●	●	●	●	●	●	●	●	●	●	●	●	●
2pin 紅黑杜邦線																
雙頭鱷魚夾線																

| | 第 4 章 ||||||||| 第 5 章 ||||||||||
| | 範例 |||||| 實作題 || 範例 |||||||| 實作題 ||
	1	2	3	4	5	6	防拖吊警報器	風扇搖桿控制系統	1	2	3	4	5	6	7	8	雨滴感測數值顯示器	超音波防盜系統
	●	●	●	●	●	●	●	●	●	●	●	●	●	●	●	●	●	●
	●	●	●	●	●		●	●	●	●	●	●	●	●	●	●	●	●
	●		●								●							
		●								●								
		●								●								
			●															
				●														
					●		●											
					●		●											
									●	●								
											●	●					●	
													●	●			●	●
															●	●		●
		●	●	●	●	●		●	●	●	●	●	●	●	●	●	●	●
	●	●	●	●	●		●	●	●	●	●	●	●	●	●	●	●	●
							●											

第 1 章
Arduino、IDE 與 motoBlockly 介紹

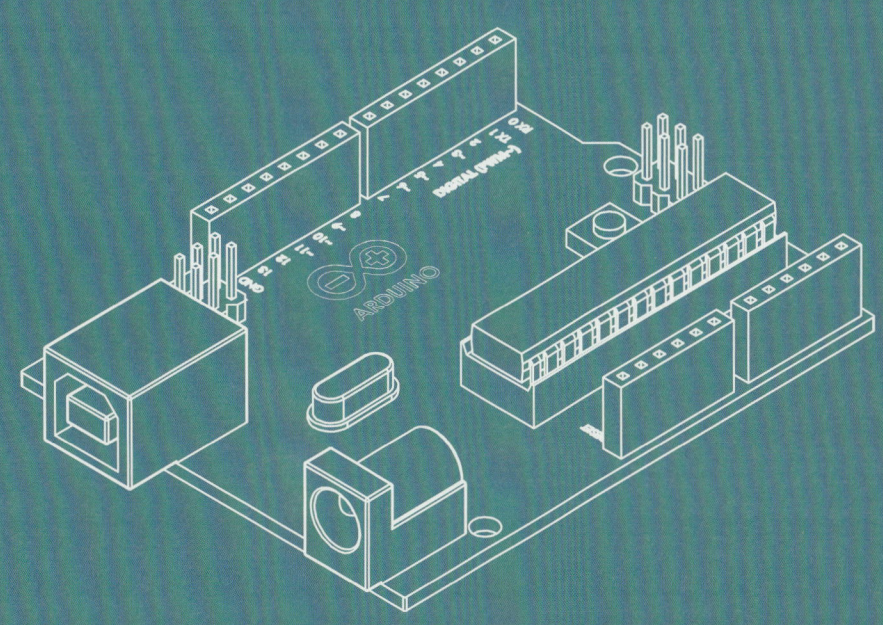

本章先帶大家認識一下創客神器─Arduino 及相關軟體的安裝,還有線上圖控式程式編輯軟體 motoBlockly 的介紹,一切作業準備就緒之後,就可以跟著本書一起展開奇幻的 Arduino 之旅囉!

1-1 認識 Arduino

Arduino 簡介

3D 印表機

雷射切割機

四軸飛行器

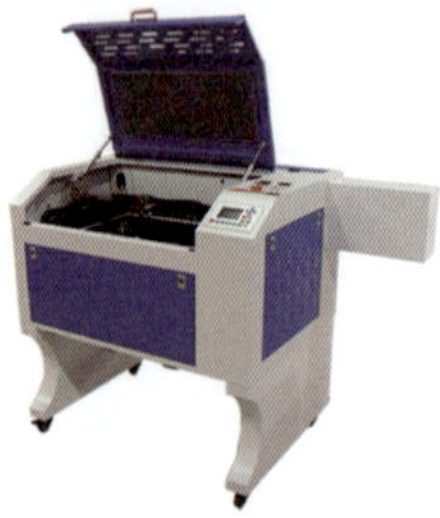

近幾年來，國內外的自造者（Maker，有人稱之為「創客」）運動風起雲湧，許多個人與團體競相投入此塊領域。究其原因，在 2005 年問世且軟硬體盡皆開源（Open Source）的 Arduino 開發板（上圖左所示），便是點燃這股風潮的最大引信。

第一款的 Arduino（型號 UNO）是由義大利米蘭互動設計學院的教授所設計開發，其目的是要讓學生能夠更容易地設計出能與人們互動的裝置作品。為了讓沒有電子或資訊相關背景的學生能夠輕易入門，Arduino 被設計的非常簡便且容易上手。也正因為 Arduino 簡便的使用方式與無遠弗屆的應用範圍，無形中消弭了一般使用者進入的門檻，致使這片開發板在短短幾年內便席捲了全世界。

「Arduino」是義大利文，其意思為「強而有力的朋友」（Strong Friend），代表雖然它的硬體資源有限，但它能辦到的事情卻是遠遠超乎我們的想像。除了產生一些簡單的聲光效果外，這幾年非常火紅的 3D 印表機、雷射切割機以及四軸飛行器等，都有使用者利用 Arduino 作為主控板來將其實作出來。

那什麼是 Arduino 開發板呢？簡單來說：Arduino 開發板就像是一個沒有外接任何輸出入裝置的小型電腦主機，電路板上僅僅配備了一些簡單的運算元件及記憶體。若要對 Arduino 做一些輸出入動作的話，就得在它提供的腳位插槽（類似電腦的 USB 或 HDMI 插槽）中「外接」其他的模組裝置。雖然 Arduino 的執行效能與硬體資源（如 CPU、記憶體）並沒有像電腦那麼強大，不過卻已足夠應付許多長期監控、危險或重複性高的工作。至於 Arduino 要做或能做什麼工作，就得視其所搭配的外接裝置與程式的設定流程而定。

輸出與輸入

　　如同電腦主機擁有鍵盤、滑鼠與螢幕等不同的輸出入裝置，Arduino 也擁有屬於自己的輸出入模組，這些模組大多是由一些特殊的感測元件組成。也由於 Arduino 可以使用許多特殊的感測元件，所以 Arduino 與使用者之間便多了許多和電腦大相逕庭的互動方式。

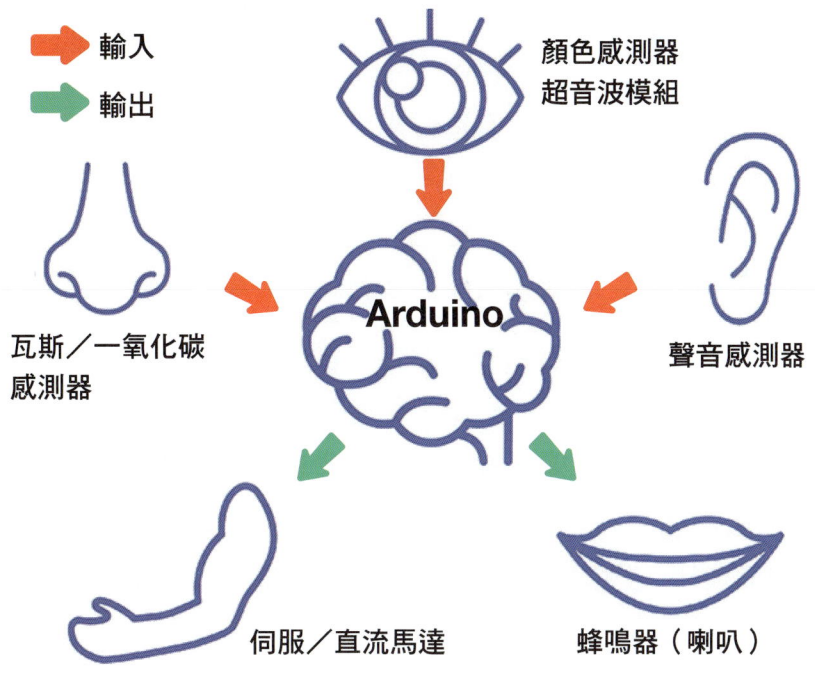

輸入裝置

　　如上圖紅箭頭所示，若將 Arduino 視為控制人體各器官的指揮中樞—大腦，那麼可以感測外界資訊、並將相關資訊回傳給 Arduino（大腦）的元件（器官），都是屬於「輸入裝置」的一種。例如可以辨別顏色的顏色感測器和可以偵測障礙物距離的超音波模組，就像人體的眼睛一樣；而可以辨別聲音大小的聲音感測器，則有著如同耳朵般的功能；另外可以偵測瓦斯、一氧化碳濃度的感測器，則是扮演了鼻子的角色。如同以上這些會將所偵測到的環境數據回報給 Arduino 的感測元件，便統稱為 Arduino 的輸入裝置。

輸出裝置

　　反之則如上圖綠箭頭所示，若是由 Arduino（大腦）主動控制、並使其能做出一些對應動作的元件（器官），便是屬於「輸出裝置」。例如可由 Arduino 決定旋轉方向及速度的伺服或直流馬達，就像是由大腦控制動作的手腳；而由 Arduino 決定發出何種旋律的蜂鳴器（喇叭），則像是由大腦決定要發出什麼聲音的嘴巴。諸如以上可由 Arduino 主動控制其動作的元件，均通稱為 Arduino 的輸出裝置。

數位與類比

輸入裝置　　　　　　　　　輸出裝置

　　Arduino 的外接模組不論是輸入還是輸出裝置，都可以依其訊號傳輸的型態再分為數位（Digital）與類比（Analog）兩種不同類別。而不同類別的裝置，其所連接的 Arduino 腳位也會跟著不同。所以為了避免外接裝置因裝錯腳位而造成不可預期的問題，我們需要具備基本的裝置類別判斷能力才行。

　　簡單來說，若是輸入裝置僅能回傳開啟（ON）/ 關閉（OFF）、高（HIGH）/ 低（Low）或真（True）/ 假（False）等兩種不同狀況的型態（例如按鈕或微動開關），或是 Arduino 僅能以兩種方式（開啟或關閉）來控制輸出裝置（例如繼電器、單純的 LED 開關），那麼這類的外接模組便可歸類為「數位裝置」。而其他能夠以兩種型態以上回傳或控制的模組（例如可變電阻或檯燈的亮度控制），則是歸類為「類比裝置」。

　　說得更淺白一些，數位裝置就像是考卷上只有"對"與"錯"之分的「是非題」：輸入型的數位裝置只能回傳給 Arduino 開發板"是（True）"或"否（False）"的結果，而輸出型的數位裝置也只可以有"開啟"和"關閉"兩種不同的情境展現。反之，只要是如同「選擇題」一般，可以回傳或設定成兩種以上（大多為 0 ～ 255 或 0 ～ 1023）不同情境的模組，便可稱為是類比裝置。

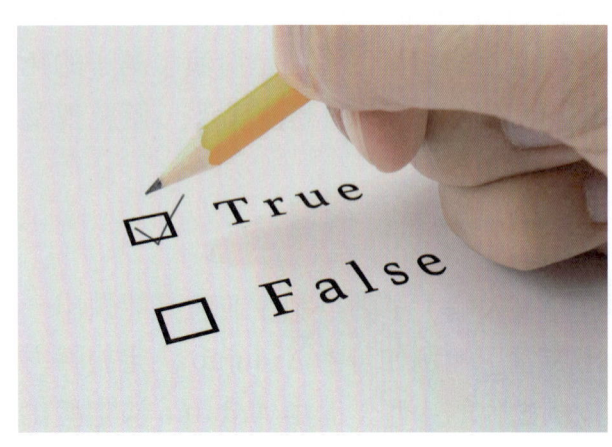

數位裝置－是非題

類比裝置－選擇題

常見的 Arduino 外接裝置

Relay 繼電器

LM35 溫度感測模組

磁簧開關

環境光源感測器

LED 模組

按鈕開關模組

可變電阻模組

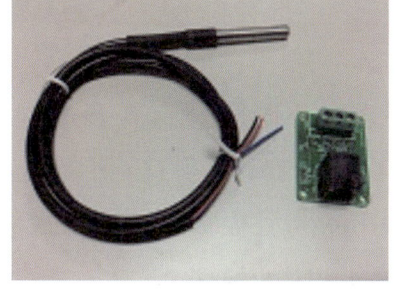
水溫感測模組

傾斜開關

微動／碰撞開關

溫溼度感測模組

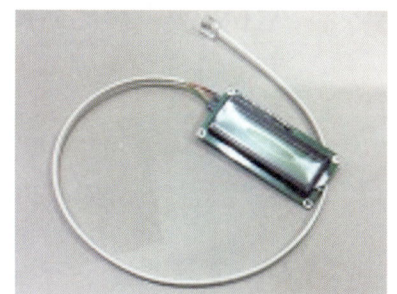
I2C 1602 LCD

硬體架構

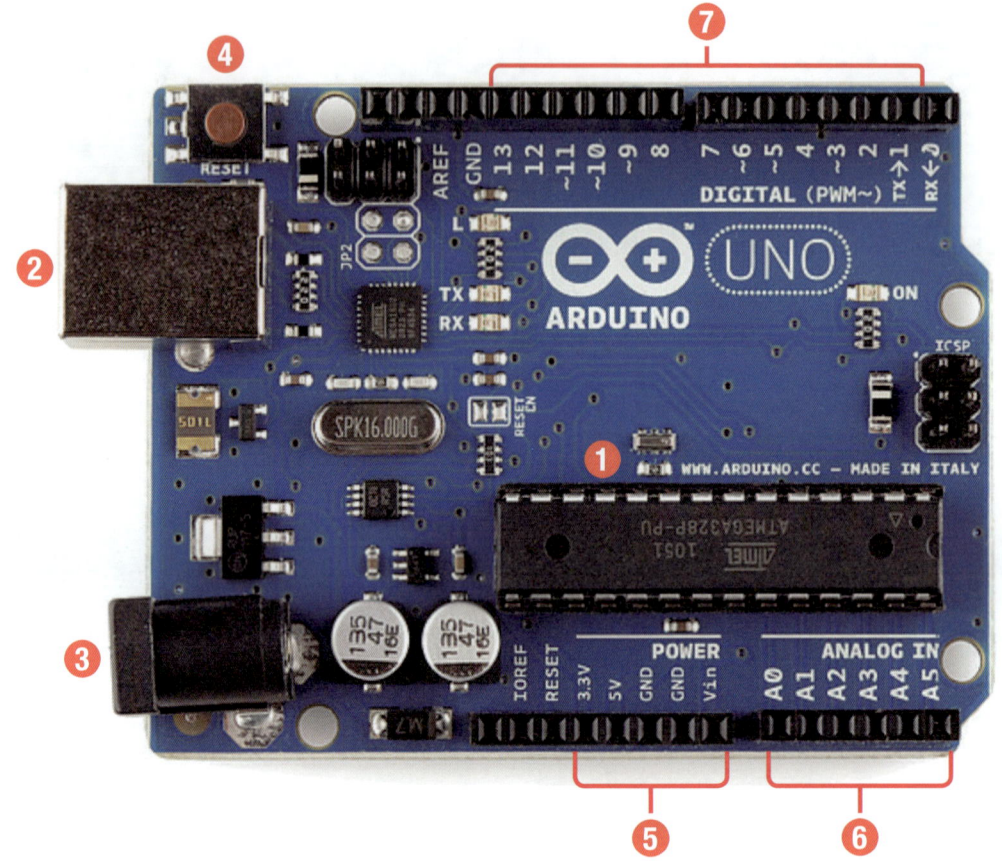

Arduino 發展至今，因需求的不同已經有許多不同型號出現（除了 UNO 外，尚有 Leonardo、MEGA、NANO、Pro mini 等），不過上圖所示的 Arduino UNO 仍是在市面及應用上最常見的 Arduino 開發板。因此，這邊就以 Arduino UNO 作為代表，簡單介紹一下 Arduino 開發板的硬體架構：

① **ATMEGA328P 微處理器**— Arduino UNO 開發板的主要運算核心，其角色類似電腦主機板的 CPU。

② **USB 插槽**— Arduino 開發板可藉由此插槽以 USB 線與電腦連接，電腦便可透過 USB 對 Arduino 進行供電或上傳程式的動作。

③ **DC 電源插槽**—當程式已上傳至 Arduino 開發板且拔除 USB 連接線之後，只需透過這個 DC 直流電源插槽提供給 Arduino 穩定的電源（Arduino 的額定電壓為 5～12V 的直流電），Arduino 開發板便可脫離電腦獨立且持續地執行程式所交付的任務。

④ **重置（Reset）按鈕**—按下此重置鈕後，Arduino 便會重新啟動，並從頭再開始執行原本上傳的程式。

⑤ **電源（Power）腳位**— Arduino 提供給外接元件使用的電源腳位。其中除了兩個接地的 GND 腳位外，為了因應外接元件所需的電壓不同，Arduino UNO 也提供了 5V 及 3.3V 各一的供電腳位。另外為了避免 Arduino 提供的電源不足以供給所有的外接元件，Arduino UNO 也預留了一個可由外部供給電源給開發板的腳位 –Vin。

⑥ **類比輸入（Analog IN）腳位**— Arduino UNO 提供了 6 個類比輸入的腳位 [編號 A0～A5，其中字母 A 是 Analog（類比）的意思，藉此與數位腳位（Digital）的 D 做出區別]。如同開發板上所標示的「Analog IN」字樣，Arduino UNO 無法從這些腳位做出類比輸出（Analog OUT）的動作，僅能透過這些腳位讀取外接裝置的類比數值，並提供這些外接裝置輸入電壓 2 的 10 次方的類比解析（即回傳數值範圍會落在 0～1023 之間）。

⑦ **數位輸出入（Digital I/O）腳位**— Arduino UNO 提供了編號 D0～D13 共 14 個的數位腳位。與類比輸入（Analog IN）腳位不同，這些數位腳位不但可以當作數位輸入（Digital Input）之用，也可以當作數位輸出（Digital Output）來使用，甚至透過 PWM（Pulse Width Modulation）技術，在 3、5、6、9、10、11 等前面帶有「～」符號的數位腳位，還能模擬 0～255 的類比訊號輸出（Analog OUT）。另外有些數位腳位擁有比較特殊的功能，在外接其他的元件時，一般會優先避開這些腳位。例如：數位腳位 0 和 1 被設計用來接收（Rx）與傳輸（Tx）序列埠（Serial）的資料；而數位腳位 13 則是被連接至一顆 LED 上，藉此做為開發板程式的測試或除錯之用。

結合 UNO 與直流馬達控制模組的 Motoduino U1

　　製作各類如右圖所示的智能自走車，是 Arduino 開發板常見的應用之一。除了自走車的輪子之外，小型的風扇與抽水馬達也都會使用到直流馬達。礙於一般的 Arduino 開發板還得再外接一個馬達控制模組才能操控上述的那些直流馬達，台灣的慧手科技股份有限公司（Motoduino）便整合了 Arduino UNO 與馬達控制晶片 L293D，推出了一款名為 Motoduino U1 的開發板。此款 U1 除了可以直接連接並操控直流馬達外，也因為它是以 Arduino UNO R3 作為基礎來改裝設計，因此 U1 相容了所有與 Arduino UNO 相關的擴充感測器與開發環境，因此本書所有的練習均會以 Motoduino U1 取代 Arduino UNO 來完成。

Motoduino U1

> D5/D6：控制轉速
> D10/D11：控制正反轉

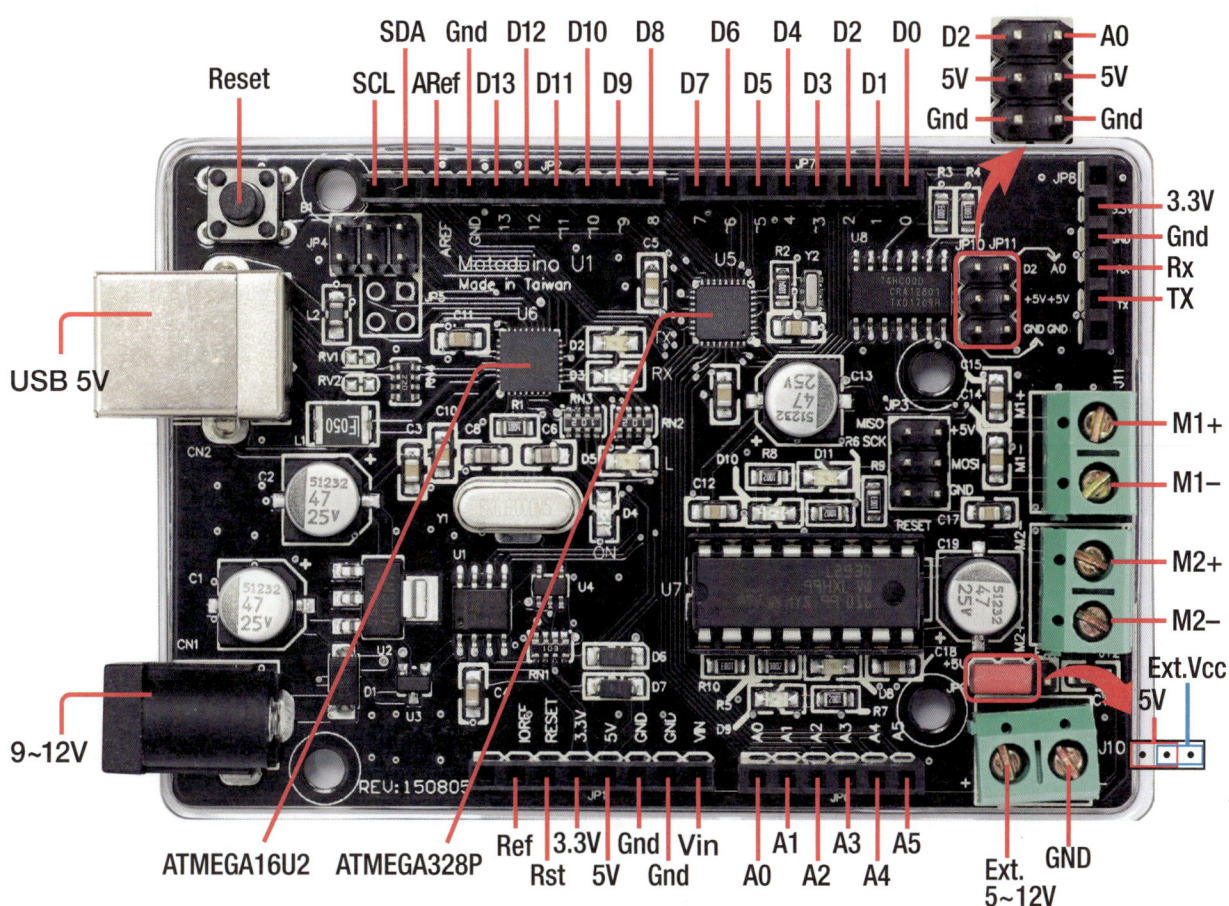

Motoduino U1 的各個腳位與規格說明	
數位輸入／輸出（Digital I/O）腳位	D0～D13 共 14 個
類比輸入（Analog In）腳位	A0～A5 共 6 個
類比輸出（Analog Out）腳位	在數位 I/O 腳位裡的 D3、D5、D6、D9、D10、D11 可做類比輸出（PWM）的動作
直流馬達控制腳位	4 個（D5/D6 控制轉速，D10/D11 控制轉向）
藍牙模組插槽	3.3V（TX/RX）
USB 工作電壓	5V
可外接電源電壓	9V～12V
馬達外接電源電壓	5V～12V（需調整 Jumper）
Microcontroller	ATMEGA328P
Flash Memory	32 KB（2KB for bootloader）
SRAM	2 KB
EEPROM	1 KB
Clock Speed	16 Hz

1-2 安裝 Arduino IDE 與驅動程式

　　Arduino IDE 是由 Arduino 官方所提供的程式開發軟體，不論是 Arduino 程式的編寫上傳，還是 Arduino 各式開發板驅動程式的安裝，都需要使用到這套軟體。本節將以 Windows 作業系統為例，逐步說明整個 Arduino IDE 的安裝流程。

請先至 Arduino 官網 http://arduino.cc 下載 Arduino 官方的程式開發環境軟體 Arduino IDE。下載 Arduino IDE 安裝檔時請選擇最新版本（本例版本為 1.8.13），由於筆者電腦是 Win 10 作業系統，所以選擇下載「Windows Win 7 and newer」這個安裝檔。另外 Arduino IDE 也支援其他作業系統的安裝程式（例如 Mac 與 Linux 版本），請依自己的作業系統選擇適合的安裝檔下載即可。

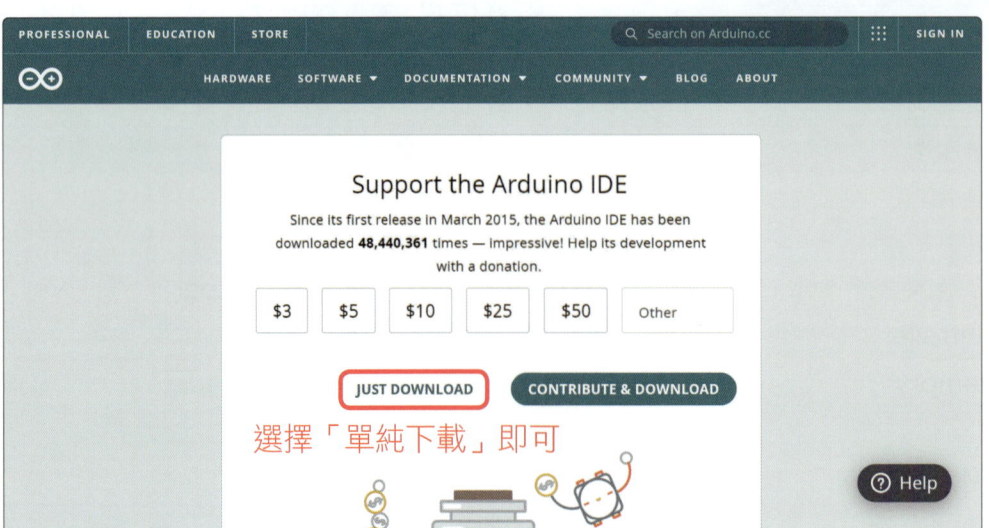

下載 Arduino IDE 的安裝程式（arduino-1.8.13-windows.exe）完成後，請依下圖所示的流程直接進行安裝即可。

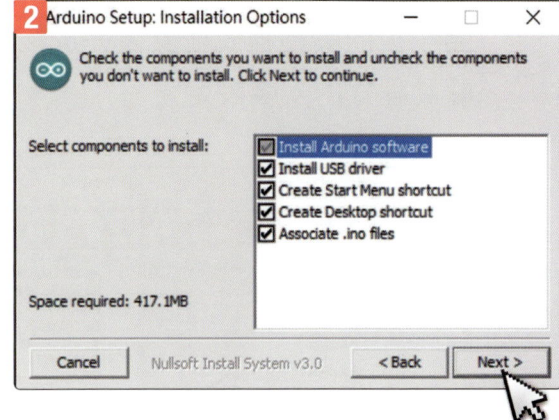

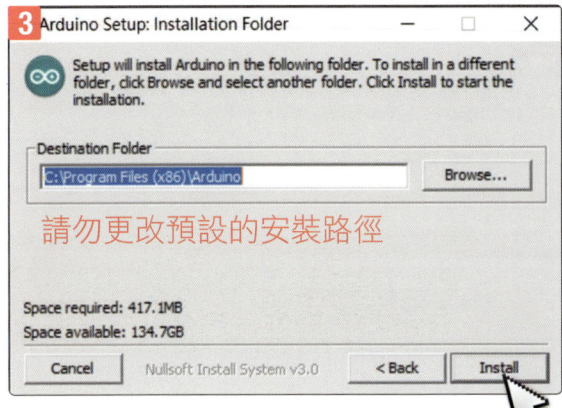

請勿更改預設的安裝路徑

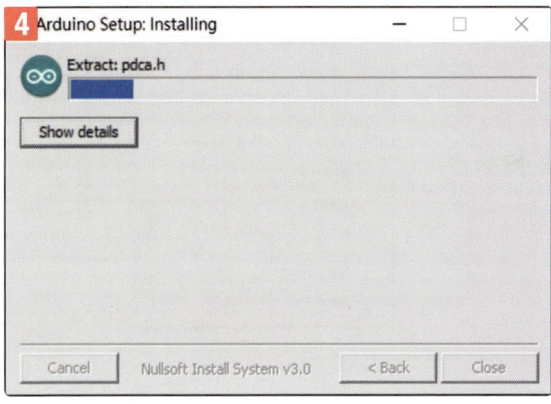

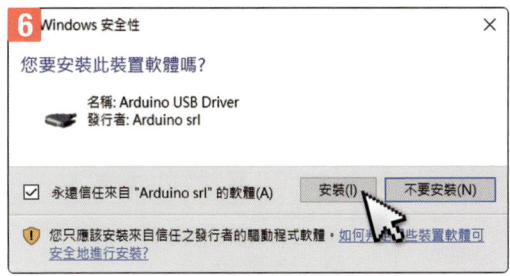

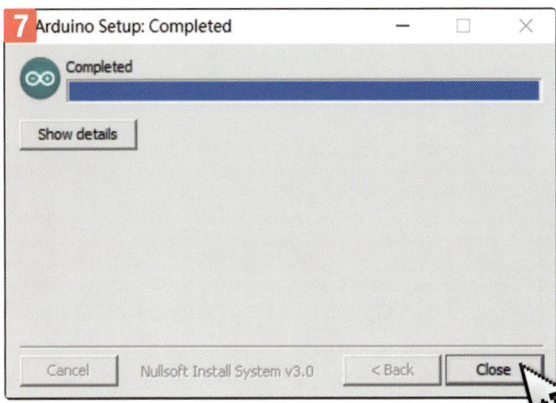

IDE 安裝完成

step 03 以 USB 線連接電腦與 Arduino 開發板,接著開啟作業系統的「裝置管理員」。若在該視窗的「連接埠(COM 和 LPT)」中看到「Arduino Uno (COMxx)」的字樣(如下圖紅框處所示),即表示該作業系統已經自動幫你找到 Arduino 開發板的驅動程式並安裝完成。否則的話請繼續依照下列 4～7 的步驟來完成驅動程式的安裝設定。

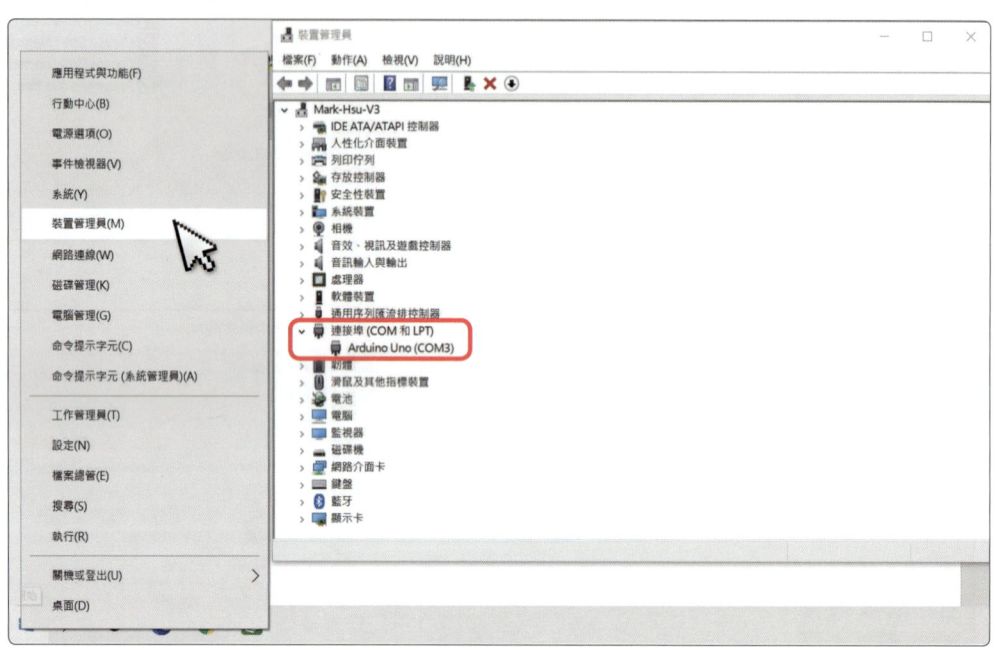

step 04 在裝置管理員中的 Arduino 開發板若是被顯示為「未知 USB 序列裝置」,請在該選項上點擊滑鼠右鍵,並在跳出的選項中選擇「更新驅動程式(P)」。

step 05 接著請選擇視窗下方的「瀏覽電腦上的驅動程式軟體(R)」選項。

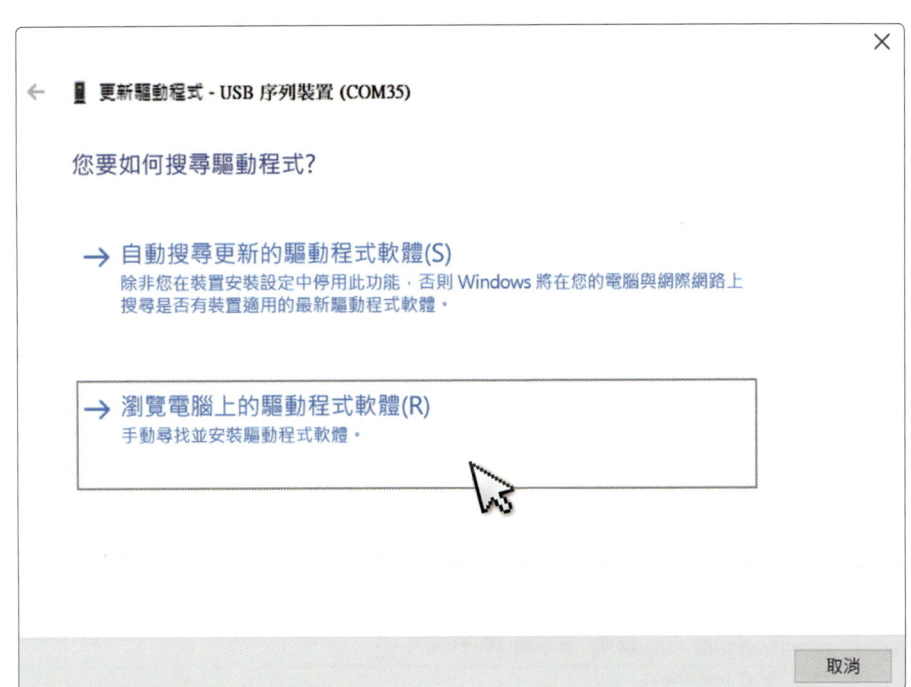

step 06 將下圖藍色區塊中的驅動程式路徑設定指向 C:\Program Files (x86)\Arduino\drivers 後點選下一步。(視窗中的「包含子資料夾(I)」選項也請勾選)

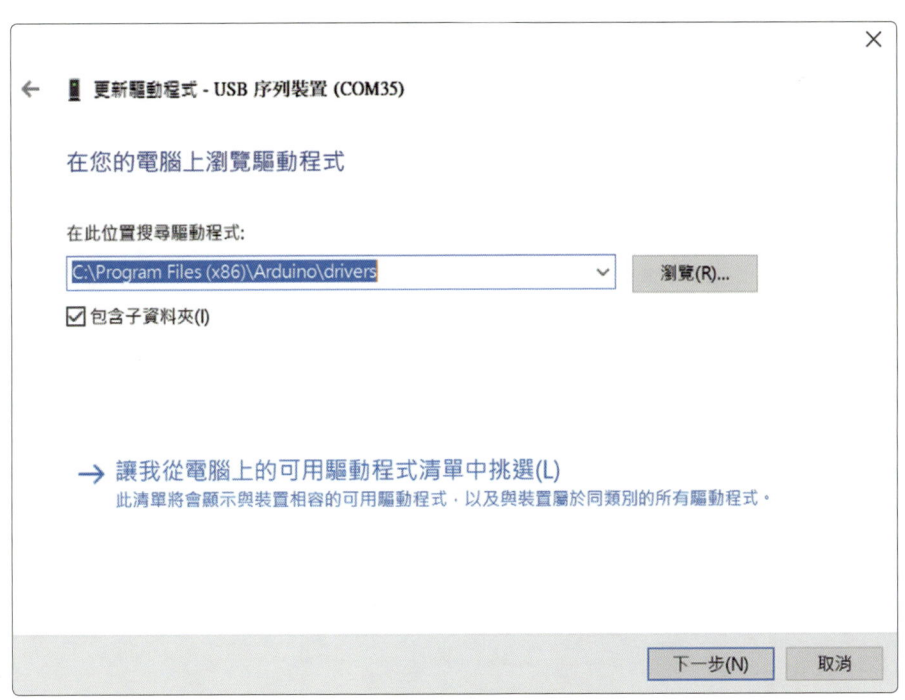

step 07 最後 Arduino 開發板的驅動程式若已完成安裝，就可以在裝置管理員的視窗中看到如下圖紅框處的「Arduino Uno（COMxx）」的字樣。（Arduino 開發板驅動程式安裝需要一點時間，請務必要耐心等候）

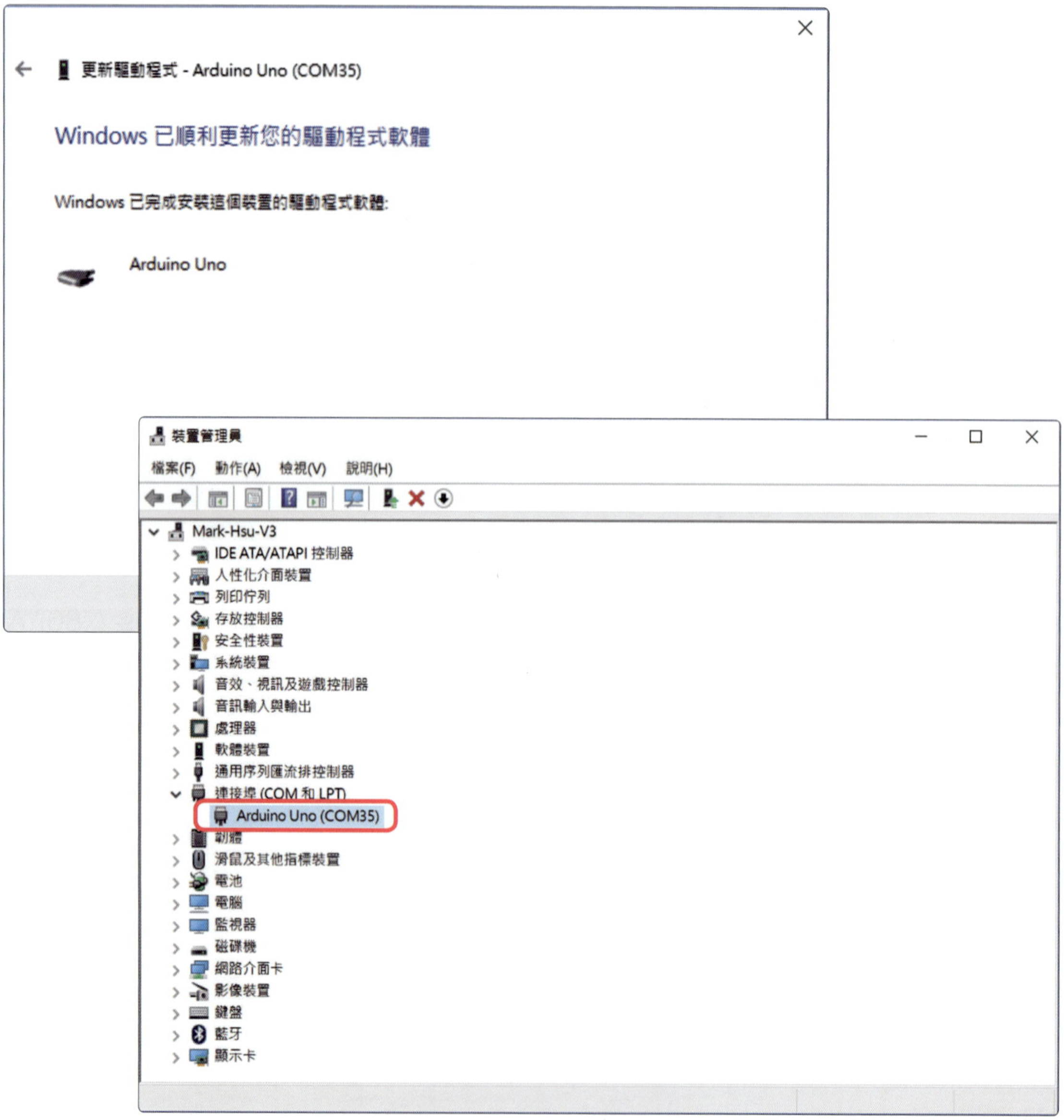

1-3 motoBlockly 的前置安裝及使用簡介

motoBlockly 簡介

　　Arduino IDE 安裝完畢後就可以開始編寫 Arduino 程式，但若是對 Arduino 或寫 Code 不熟悉的初學者，建議可試著從簡單的圖控式程式編輯軟體開始入門。

　　motoBlockly 是由慧手科技所開發的 Arduino 線上圖控式程式編輯軟體，其利用程式積木堆疊來編寫 Arduino 程式的方式，與另一種圖控式編輯軟體 App Inventor 非常類似，對於想嘗試自行編寫程式的初學者來說非常容易上手。使用者只須把 Arduino 要執行的動作依序將積木堆疊起來，motoBlockly 便可將所堆疊的程式積木轉換成 Arduino 的程式碼，而且還能將程式直接就編譯上傳到 Arduino 開發板上（需在 Windows 64 bit 的作業環境下）。

　　如上圖所示，欲使用 motoBlockly 編寫程式前得先進入慧手科技的官網首頁（網址為：www.motoduino.com），再點選頁面中 motoBlockly 的程式積木 Logo（上圖箭頭處）即可進入。

　　motoBlockly 目前僅以線上版的方式提供給大眾開發 Arduino 程式，使用者只需在有網路及網頁瀏覽器（**慧手官方建議使用 Google Chrome**）的環境下即可上線進行開發，因此 motoBlockly 當然也可以橫跨不同的作業系統平台來使用。另外為了因應廣大使用者的需求，不久的將來也會推出離線版的 motoBlockly，讓使用者也能夠在沒有網路的環境下進行 Arduino 程式的開發。

另外,motoBlockly 也提供了將目前所堆疊的程式積木直接轉換成 Arduino C 程式碼的服務,使用者可藉此來比對程式積木與 Arduino 程式碼之間的對應關聯,這對使用者想從圖控式編輯軟體進階至直接在 IDE 中編寫程式碼,會有相當大的幫助。而程式積木和與其對應會產生的 Arduino 程式碼,則會在該積木被使用到時再做說明。

motoBlockly 設定及程式上傳的操作流程

完成動作流程的程式積木堆疊之後,motoBlockly 支援兩種將程式碼上傳至 Arduino 開發板的方式。一是在作業系統為 Windows 64 bit 的環境下,預先下載並開啟 motoBlockly 的中介程式後,便可直接從網頁下達命令來執行上傳程式的動作。另一種則是在非 Windows 64 bit 的作業系統下,得先複製(Copy)由 motoBlockly 所轉換的 Arduino 程式碼,再將這些程式碼全部貼到(Paste)自己本地電腦端的 Arduino IDE 中再進行編譯上傳。兩種不同的上傳方式在前置作業的準備上也稍有不同,其設定步驟也將會在接下來為各位介紹。

上傳方法一:Windows 64 bit 作業系統

在 motoBlockly 兩種上傳程式的方式中,若電腦安裝的是 Windows 64 bit 作業系統,就可以選擇從 motoBlockly 網頁中直接呼叫本地電腦端的 IDE 來編譯上傳 Arduino 程式。雖然此種燒錄程式的方式快速又便利,不過在開始上傳前得先下載並安裝 motoBlockly 的中介程式(Broker)及相關函式庫(Libraries)才行。其設定流程如下:

如下圖所示,先進入 motoBlockly 程式編輯的頁面後,選擇工具列中的 按鈕(紅框處)下載 Broker 及相關函式庫的安裝程式。

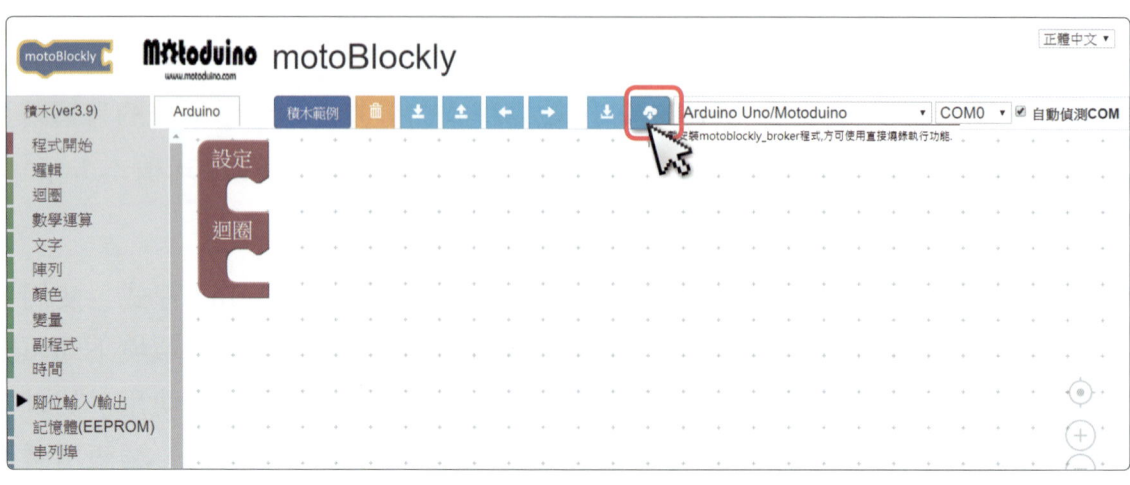

依下圖所示，直接安裝從步驟 1 所下載的 motoblockly_broker_setup.exe 檔案。

⚠ **注意：安裝 motoblockly_broker_setup.exe 前，請務必先安裝 Arduino IDE。**

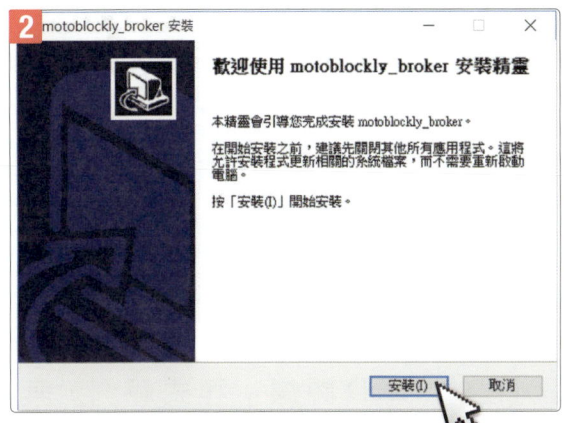 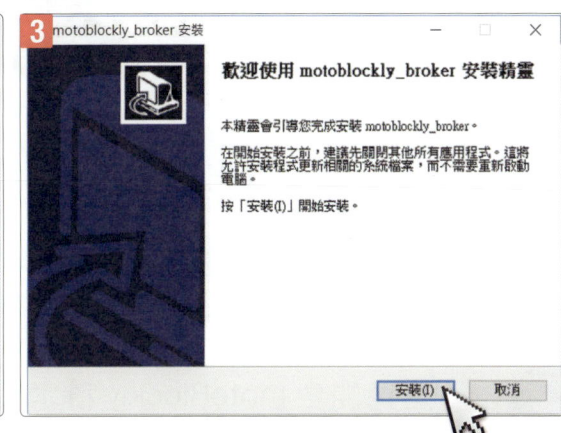

在完成上述的 motoBlockly 中介程式安裝後，桌面會多出一個如下圖白框處所示、名為「motoblockly_broker」的捷徑。若想直接從 motoBlockly 網頁中上傳 Arduino 程式，請務必先將其點選開啟。當該中介程式 motoblockly_broker 完成啟動、並出現如下圖所示的「motoblockly broker can now be accessed」字樣時，請將此黑色提示視窗保留或最小化（不可關閉），如此在程式編寫完成時，它才能協助呼叫本地電腦端的 Arduino IDE 代為執行程式的編譯與上傳。

 完成了 motoBlockly 中介程式的安裝與啟動、並以 USB 傳輸線連接 Arduino 與電腦後，便可開啟 motoBlockly 所提供的積木範例，藉此練習如何將程式積木轉成程式碼，以及將程式碼上傳到 Arduino 的設定動作。

① 選擇開啟 motoBlockly 積木範例裡的「LED 閃爍」程式範例，其為控制 Arduino 開發板上數位腳位 D13 上的 LED 程式，點選後 motoBlockly 便會匯入並顯示此範例程式的程式積木堆疊狀態。

② 選擇正確的開發板型號（使用 UNO 或 U1 均需選擇「Arduino UNO/Motoduino」選項）以及對應的 COM Port 位置（勾選「自動偵測 COM」即可）後，便可進行下一步驟的上傳動作。

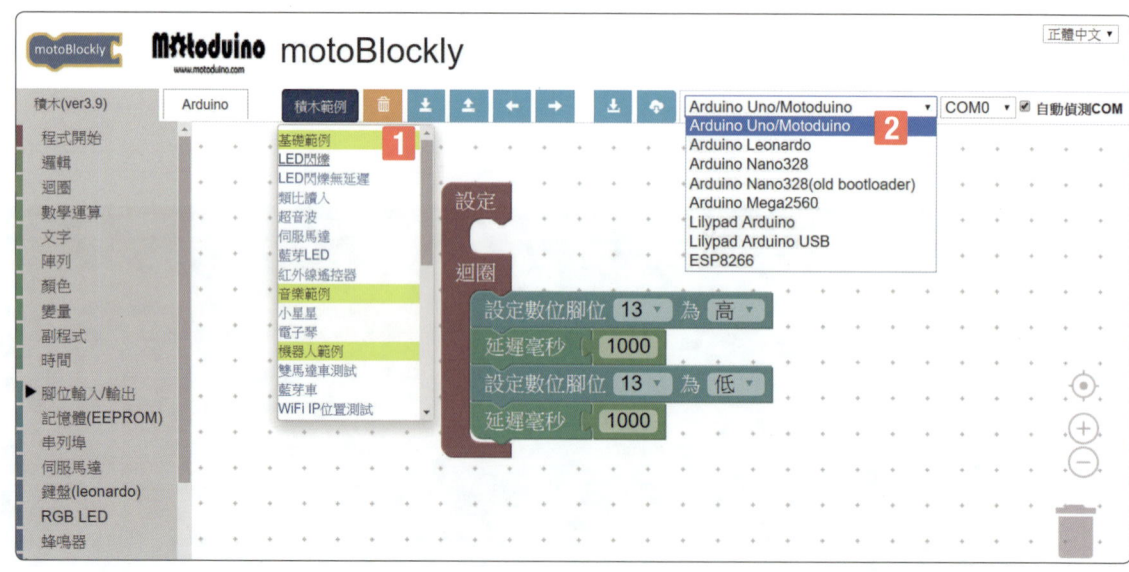

範例程式積木開啟完成後，點選下圖中 motoBlockly 的「Arduino」標籤頁，先將整個範例的程式積木轉換成 Arduino 程式碼後，再按下工具列中的 ➡ 按鈕開始進行程式的燒錄。

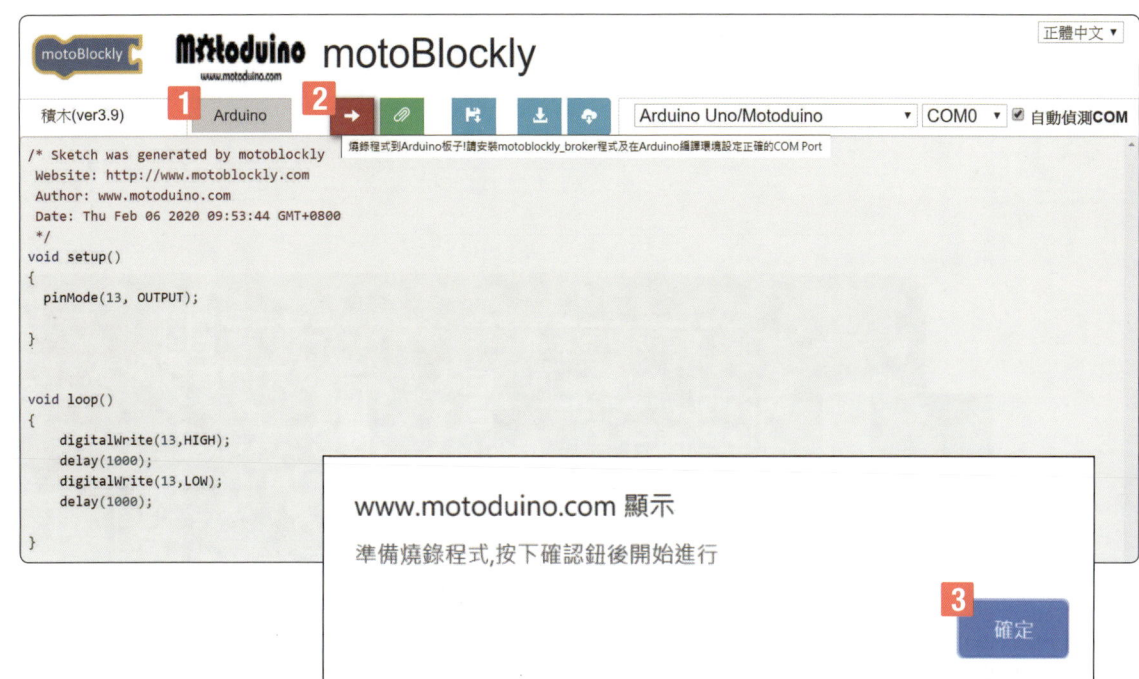

如下圖所示，當 motoBlockly 開始上傳程式時，預先啟動的中介程式便會將 motoBlockly 產生的程式碼傳送給本地電腦端的 Arduino IDE，IDE 便可在背景中進行程式的編譯與上傳動作。而中介程式視窗也會同步顯示目前程式碼編譯及上傳的狀況。

 **step 07** 最後當 motoBlockly 頁面跳出如下圖的訊息時，便是代表 motoBlockly 已完成程式上傳的動作，此時的 Arduino 就會開始執行上傳程式的指定動作（即數位腳位 D13 的 LED 會以一秒的間隔時間開始閃爍）。

D13 LED 閃爍

上傳方法二：非 Windows 64 bit 作業系統

Windows 64 bit 作業系統的電腦可使用上一個方式來直接燒錄程式碼，但其他 OS 的電腦要上傳程式，就得先將 motoBlockly 產生的程式碼複製到 Arduino IDE 中再上傳。

使用此上傳方式除了得先在自己的電腦安裝 Arduino IDE 之外，還必須另外下載 motoBlockly 會用到的函式庫（Libraries），並在解壓後將其複製到對應的 Arduino IDE libraries 目錄下才行。下載安裝 motoBlockly 函式庫及使用 IDE 上傳 motoBlockly 產生的程式碼步驟如下：

 **step 01** 如下圖所示，進入 motoBlockly 的網頁後，選擇工具列中的 ⬇ 按鈕開始下載 motoBlockly 的函式庫壓縮檔。

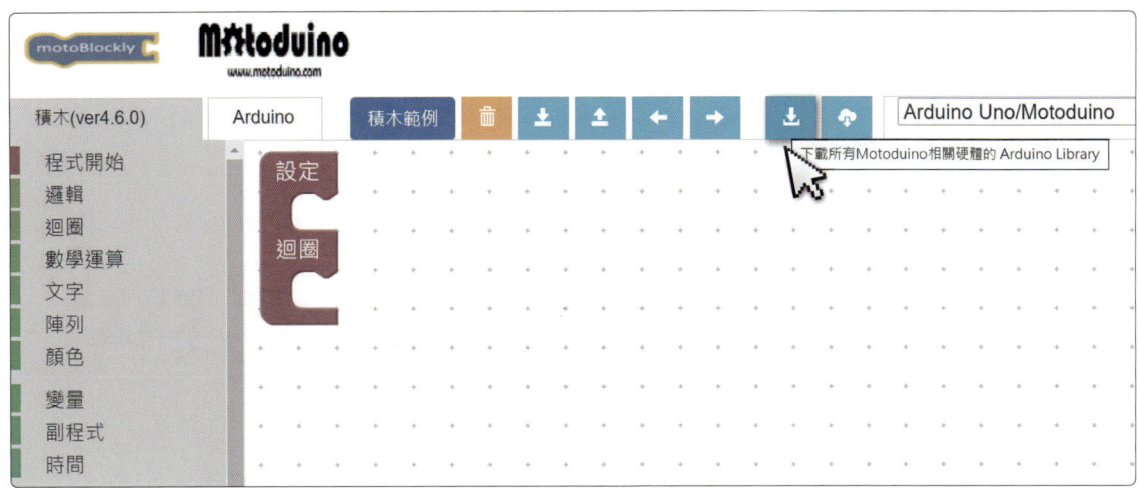

 **step 02** 將步驟 1 下載的 motoBlockly 壓縮檔（Moto_library.zip）解壓縮到對應的 Arduino IDE libraries 目錄下（如下圖所示，請將其放至自己電腦所對應的 Libraries 目錄）。完成了上述的前置設定，便可避免之後在編譯 motoBlockly 程式時會有找不到函式庫的錯誤發生。

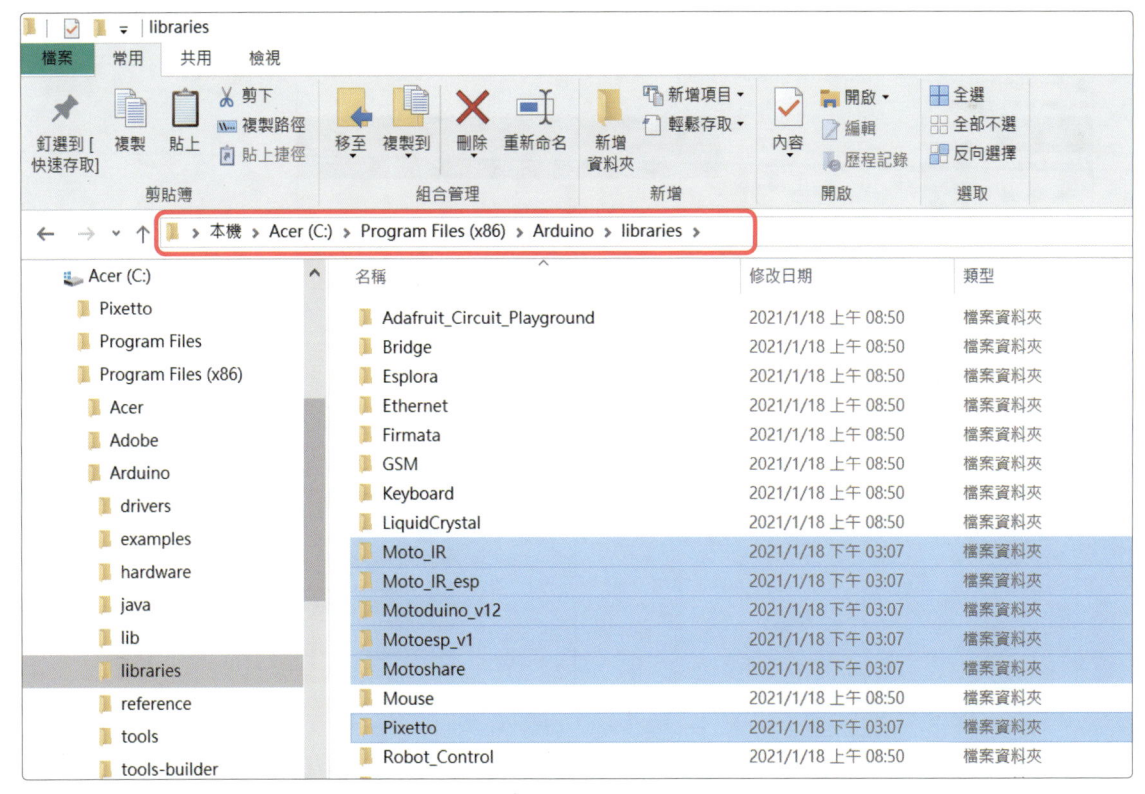

step 03 完成 motoBlockly 函式庫的安裝之後，一樣載入 motoBlockly 中的「LED 閃爍」範例，1 點選下圖中 motoBlockly 的「Arduino」標籤頁，將範例程式堆疊的程式積木轉換成 Arduino 程式碼。2 接著再點選 motoBlockly 工具列中的 按鈕，motoBlockly 便會將轉換後的 Arduino 程式碼全部複製到電腦的剪貼簿中暫存備用。

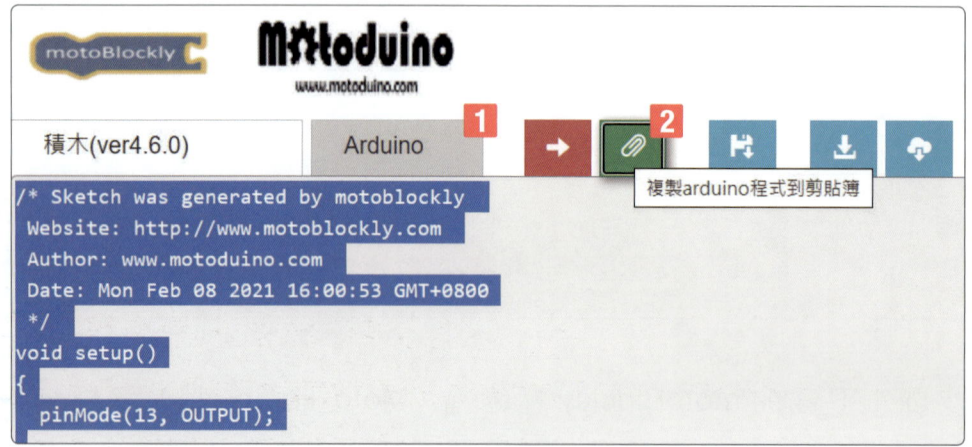

step 04 將 Arduino 開發板用 USB 傳輸線連接至電腦後，開啟之前所安裝的 Arduino IDE 程式編輯軟體。為了讓 IDE 知道接下來的程式該往哪邊上傳，IDE 這邊還需要做一些簡單的設定。

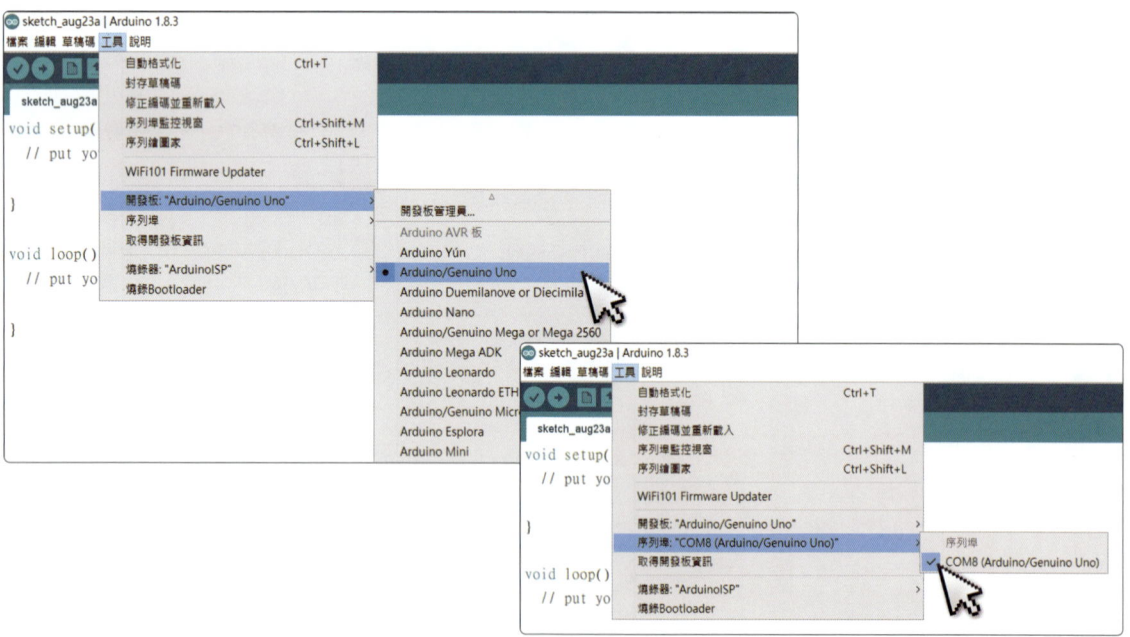

如上圖所示，工具選項中的「開發板」需選擇「Arduino/Genuino Uno」選項（因為本書所使用的 U1 是由型號 UNO 的開發板修改擴充而成），而「序列埠」則需選擇後面帶有「（Arduino/Genuino Uno）」字樣的 COM Port 即可。

step 05

接著先清除掉 Arduino IDE 中原本的程式碼（Ctrl+A 全選後再按 Del 鍵刪除之），再貼上（Ctrl+V）自步驟 3 中所複製的 Arduino 範例程式碼，最後再點選 Arduino IDE 左上角的 ▶ 按鈕開始進行程式的上傳。

此時 IDE 會跳出如下圖所示的視窗詢問是否要儲存目前的程式碼，由於目前只是練習如何上傳 Arduino 程式，因此這邊先選擇「取消」不儲存。

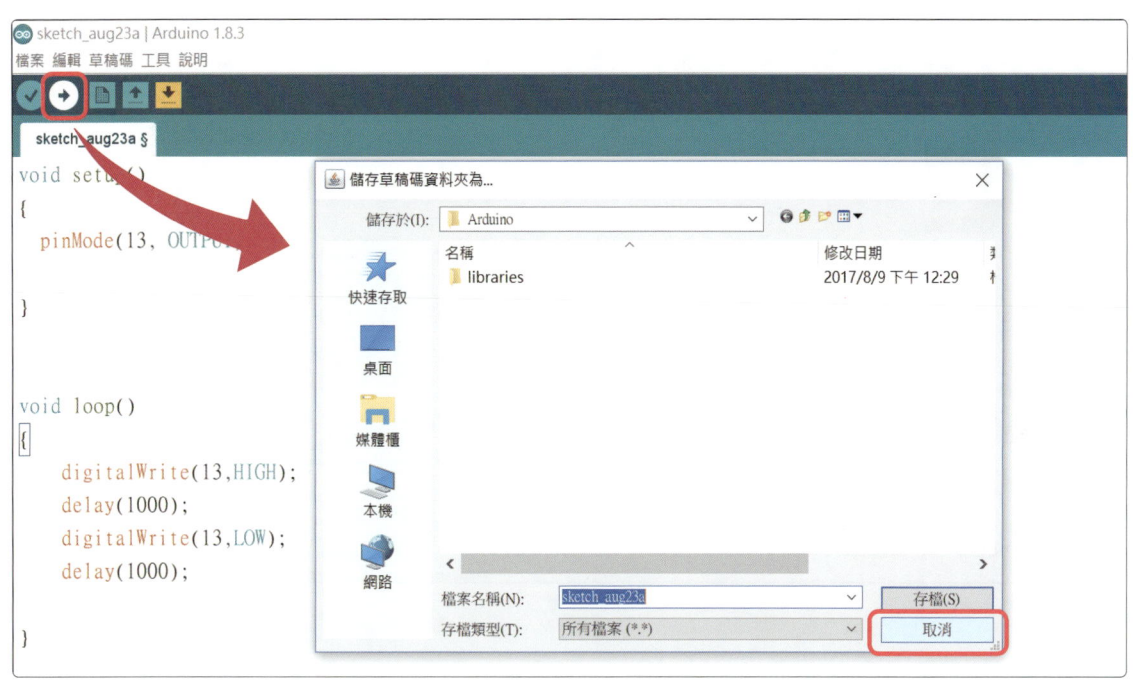

step 06

程式成功上傳至 Arduino 開發板後，Arduono IDE 底下的狀態列便會顯示如下圖紅框處所示的「上傳完畢。」字樣，並會秀出目前 Arduino 記憶體被使用的狀況。

此範例程式上傳成功之後，Arduino UNO 或 Motoduino U1 位在 D13 腳位的 LED 燈就會開始依照程式的指令，以 1 秒的間隔時間持續做著閃爍的動作。

 1-4 motoBlockly 操作介面說明

　　進入線上版的 Arduino 圖控式程式編輯軟體 –motoBlockly 頁面，便可看到如下的操作畫面，我們將其操作介面分成「工具列區」、「開發板設定區」、「程式積木區」以及「程式積木堆疊區」等幾個區塊。

工具列區

按鈕型式	功　　能
積木(ver4.6.0)	此標籤頁可將積木堆疊區切換成可讓程式積木堆疊的模式。
Arduino	此標籤頁可將積木堆疊區裡堆疊的程式積木，轉換成可上傳至 Arduino 開發板的程式碼。
積木範例	motoBlockly 內建的一些程式積木堆疊範例。
🗑	移除積木堆疊區中目前所有堆疊的程式積木。
⬇	將積木堆疊區裡目前堆疊的程式積木儲存成 xml 檔，並從網路下載（Download）到本地電腦端（Local）。
⬆	載入本地電腦端之前下載儲存的 motoBlockly 程式積木 xml 檔，並將其顯示在 motoBlockly 的積木堆疊區中。
←	恢復在程式堆疊區的上一個動作。
→	恢復在程式堆疊區的下一個動作。
⬇	下載 motoBlockly 會使用到的相關元件函式庫壓縮檔。

按鈕型式	功　　能
	下載 motoBlockly 可支援直接燒錄的中介程式（Broker）與函式庫安裝檔。
	將積木轉換的 Arduino 程式碼透過中介程式上傳至 Arduino 開發板。（僅支援 Windows 64 bit 作業系統）
	全選並複製程式積木所轉換出的 Arduino 程式碼。
	將程式積木轉換的 Arduino 程式碼儲存成 ino 檔，並從網路下載到本地電腦端。

開發板設定區簡介

如同在 Arduino IDE 中上傳程式前須先選擇正確的 Arduino 開發板型號與連接埠（COM Port）一樣，motoBlockly 在將程式積木轉換成程式碼上傳前，也需要提供正確的 Arduino 開發板型號與連接埠位置。因此本開發板設定區，便是提供給使用者能依自己狀態而有不同的選擇項目。

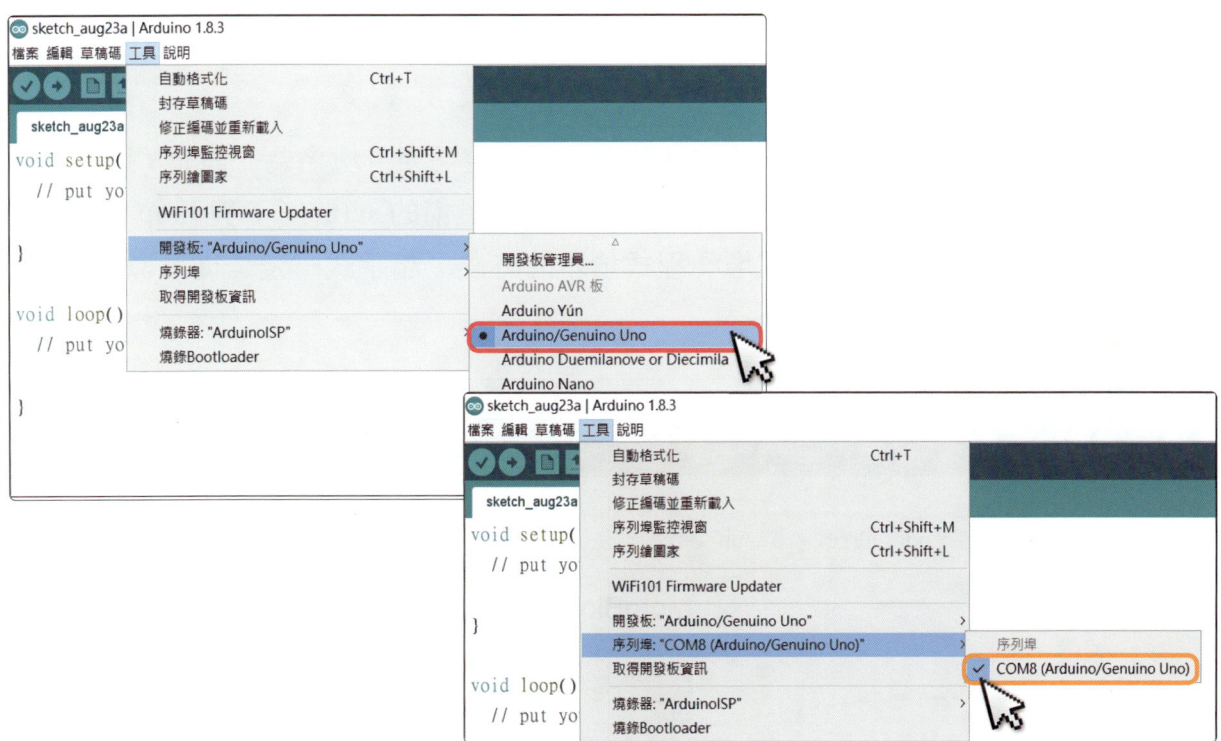

如右圖所示，motoBlockly 也提供了「自動偵測 COM」的功能，一旦勾選了該選項，電腦將會自行尋找 Arduino 開發板所在的 USB 連接埠位置，藉此提供給使用者更快速方便的上傳環境。

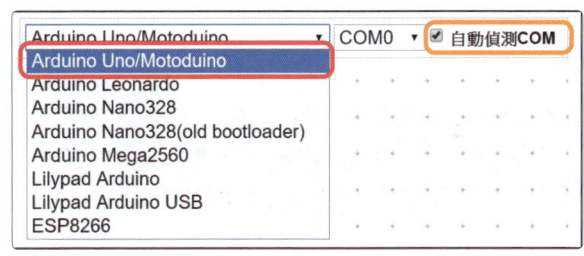

程式積木區

　　程式積木區會將不同功能的程式積木放置在不同的積木群組中，使用者可依各積木群組最左邊的顏色來區分，找到書中範例相對所使用的程式積木。而各式程式積木的功能與使用方法，將在其被使用到時再做個別的說明。

積木堆疊區

1. 當工具列區的 積木(ver4.6.0) 標籤頁被按下時，積木堆疊區便是提供使用者堆疊程式積木的地方，使用者可將程式積木區裡的積木拖曳到這個區域中來完成自己想要的動作或功能，上傳後 Arduino 便會依照使用者所堆疊出來的積木順序及邏輯來依序作動作。

    motoBlockly 的程式積木在堆疊過程中，只有在相同的積木缺口格式條件下才「有可能」可以被組合在一起。倘若兩個程式積木可以成功組合，電腦便會發出「喀」的一聲音效來示意。motoBlockly 程式積木在製作時都有做基本的防呆偵測，因此若有積木缺口格式相同，但其組合的設定型態不相容的話，也是會有可能出現無法組合的狀況。

2. 如下圖所示，在 motoBlockly 積木堆疊區裡面一定需要一塊名為「設定/迴圈」的程式積木，這是為了對應 Arduino 程式中一定要具備的 setup（）與 loop（）兩個函式。所以當 motoBlockly 在堆疊程式積木的時候，起手式一定是從這塊「設定/迴圈」程式積木來開始設定。

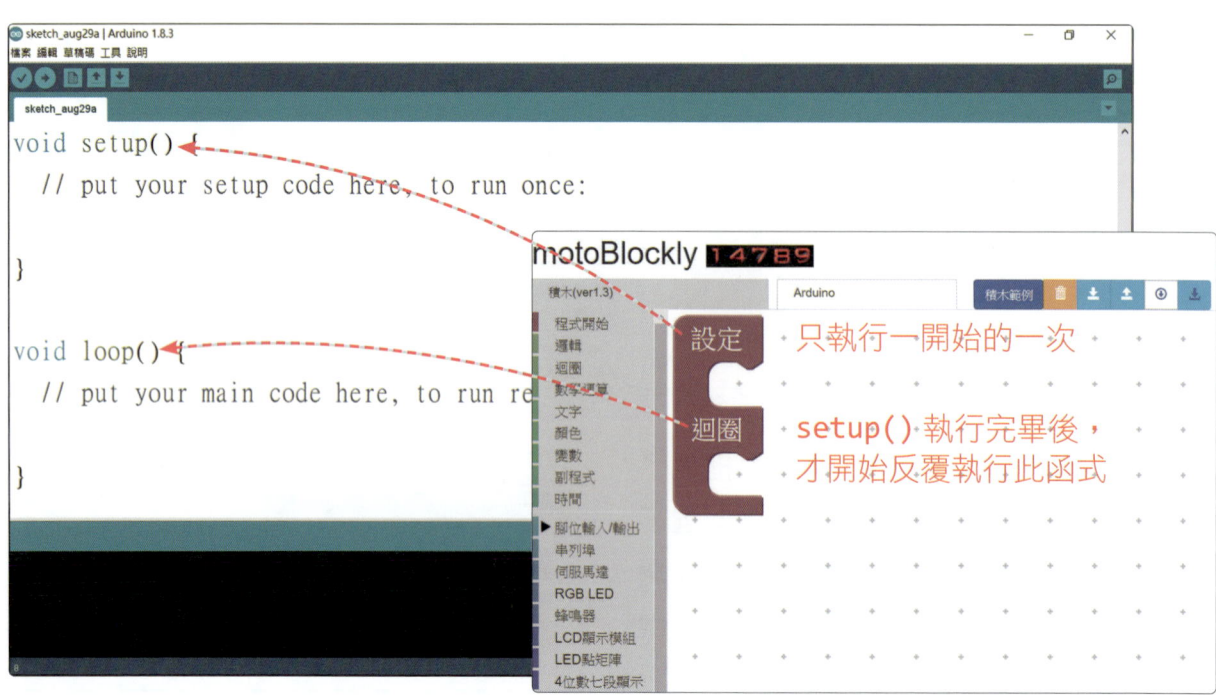

3. 千里之行始於足下，不管是要走多遠的路程都得先踏出眼前的第一步。Arduino 的程式運作也是一樣，不管是再複雜的程式，總會有一個開始執行的起點，而這個程式起點就是 setup（）- 設定函式。Arduino 開發板在啟動後會從 setup（）函式的第一行程式碼一直執行到最後一行，執行完畢後便會跳離至下一個函式，由於這個函數大多會被放置一些只須執行一次的硬體初始化程式，所以此函式才會被稱為 setup（設定）函式。

當 Arduino 執行完 setup（）函式裡的所有程式碼後，接著就會自己跳到 loop（）- 迴圈函式中運行。和 setup（）不同的是，當 Arduino 執行完 loop（）函式的最後一行程式碼後，又會自行返回重新執行 loop（）函式的第一行程式碼。以此類推，之後的 Arduino 開發板便會一直重複執行 loop（）裡的程式，直到 Arduino 電源關閉為止，這也是這個函式為何會取名為 loop（迴圈）的原因。

4. 最後還有位於積木堆疊區右下角的一些特殊按鈕：

按鈕型式	功　　能
⊕⊖	可放大/縮小堆疊區中程式積木尺寸的按鈕。當積木堆疊區裡的程式積木太多或太小不方便瀏覽的時候，可利用這兩顆按鈕來進行縮放程式積木的動作。
◉	可將目前的程式積木堆疊移動至積木堆疊區正中位置的按鈕。
🗑	丟棄無用積木的地方。若有需要刪除的程式積木，除了可將該積木拖曳至程式積木區丟棄外，也可將其拖曳到此處刪除（看到垃圾桶蓋打開後再放開即可）。

　　以上就是 motoBlockly 操作介面的概略說明。其實使用 motoBlockly 這種圖控式程式編輯軟體來編寫 Arduino 物聯網程式也非常的便利，因為其提供了許多不同雲端服務平台的程式積木，若想要再更熟悉這些程式積木所擺放的位置與功能，只要多加使用及練習即可。

第 2 章
Sensor Board 基礎應用 I

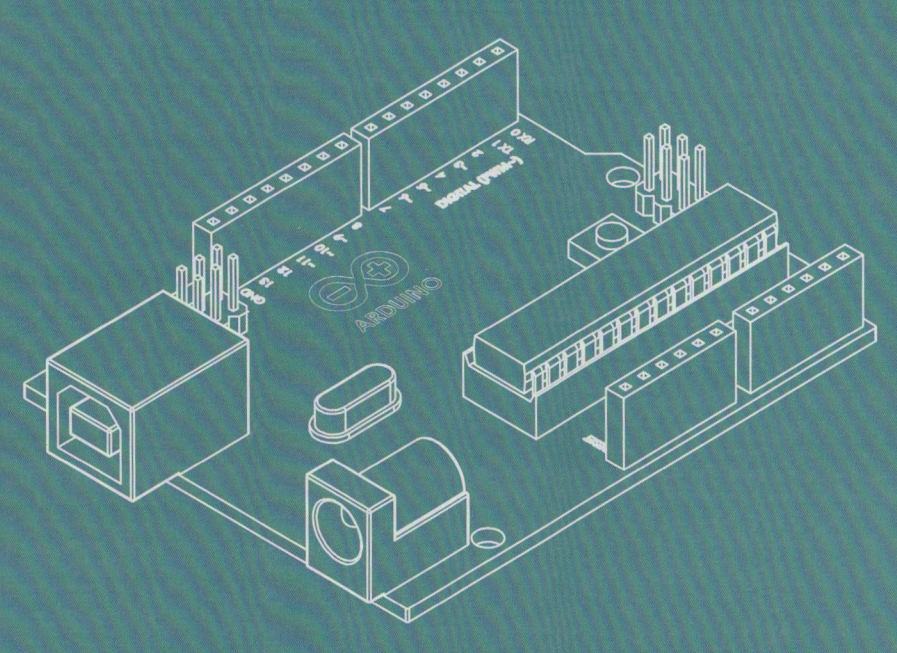

Arduino UNO 擴充板—S4A Sensor Board 的硬體免接線設計，讓初學者可以輕鬆入門體驗 Maker 的世界，只要與 Motoduino U1 進行組裝，再利用簡單易學的圖控軟體 motoBlockly 及 mBlock 編寫程式，就能讓 Sensor Board 做到如紅綠燈的亮燈效果，以及簡易門鈴、音樂盒、銀行防搶警報等聲音的播放功能喔！

另有提供 mBlock 範例程式檔

2-1 認識 S4A Sensor Board

簡介

對於 Arduino 的初學者來說，除了如何編寫程式外，怎樣配接各式各樣的 Arduino 外接模組線路也是一門學問。有鑑於此，台灣的慧手科技公司（Motoduino）便推出了一款名為 S4A Sensor Board 的擴充板，讓使用者可以直接將其安裝在 Arduino UNO 或 Motoduino U1 上使用。如下圖所示，S4A Sensor Board V3（第三版）擴充板已事先在上面配置了多種的輸出入裝置（例如光敏、聲音感測器、LED 及蜂鳴器等），使用者只要將其組裝至 UNO 或 U1 上後，不需再做其他額外的配線動作，便可直接對上面內建的元件進行操控。

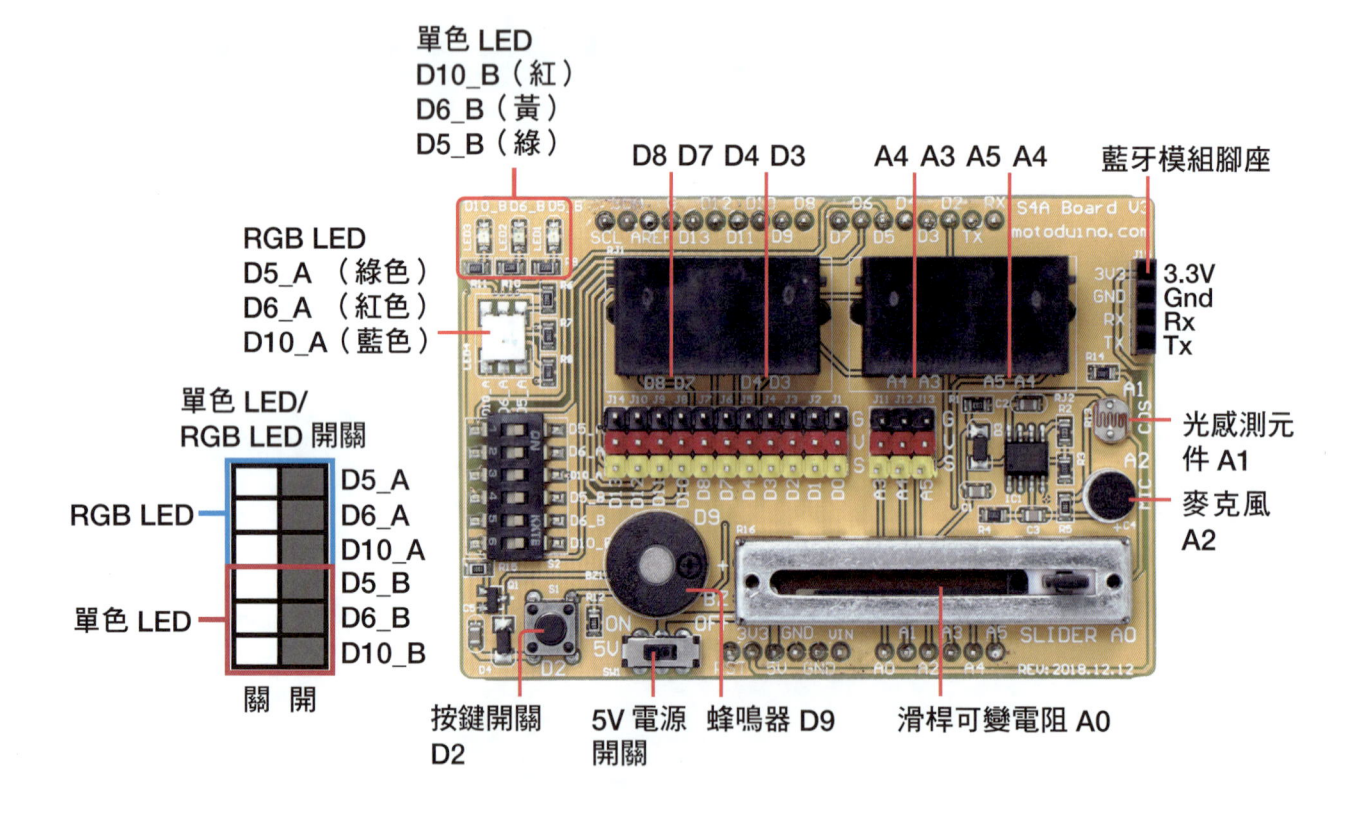

單色 LED
D10_B（紅）
D6_B（黃）
D5_B（綠）

D8 D7 D4 D3

A4 A3 A5 A4

藍牙模組腳座

RGB LED
D5_A （綠色）
D6_A （紅色）
D10_A （藍色）

3.3V
Gnd
Rx
Tx

光感測元件 A1

麥克風 A2

單色 LED/RGB LED 開關

	RGB LED		單色 LED	
RGB LED		D5_A		D5_B
		D6_A		D6_B
		D10_A		D10_B
	關	開		

按鍵開關 D2

5V 電源開關

蜂鳴器 D9

滑桿可變電阻 A0

如此友善的設計可讓初學者大幅降低需要耗費在硬體接線或除錯的時間，經由 Arduino UNO（或 U1）與 Sensor Board 的簡單對接動作，使用者便可利用 Arduino 相關的程式軟體，直接來操控 Sensor Board 上的這些輸出入裝置。省略了在 Arduino 硬體端的接線動作，除了可降低學生會因接線錯誤而產生的挫折感外，減少硬體除錯的時間也讓老師能更專注在程式和軟體上的教學，進而提升教學的品質。另外，在熟悉 Sensor Board 上所有內建元件的功能與操作方法之後，Sensor Board 還提供了可利用 RJ11 線或一般杜邦線來外接其他模組的擴充功能，藉此讓使用者可以做出更多、更有趣的擴增應用。

　　雖然說 S4A Sensor Board 上的各個元件所配置的腳位，一開始是對應 S4A（Scratch for Arduino）這套軟體的程式積木預設腳位，但並不代表此擴充板只能支援 S4A 這套軟體。Sensor Board 其實也支援了如下圖所示的各式 Arduino 程式編輯軟體。簡言之，只要是與 Arduino 相關的程式軟體，包括 Arduino 官方的 IDE 與搭配 mBot 時所使用的 mBlock 等，Sensor Board 都可以支援。

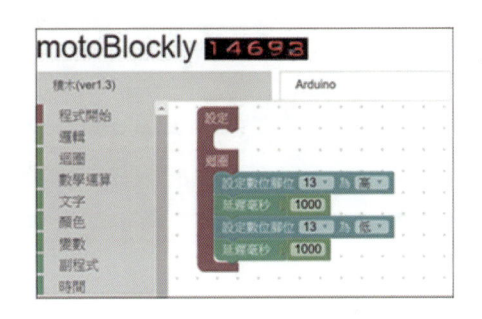

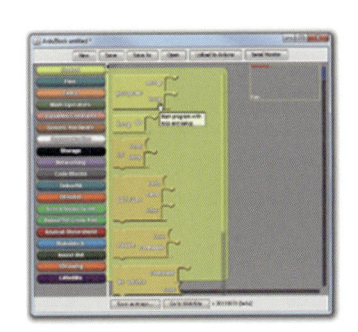

與 Motoduino U1 的組裝

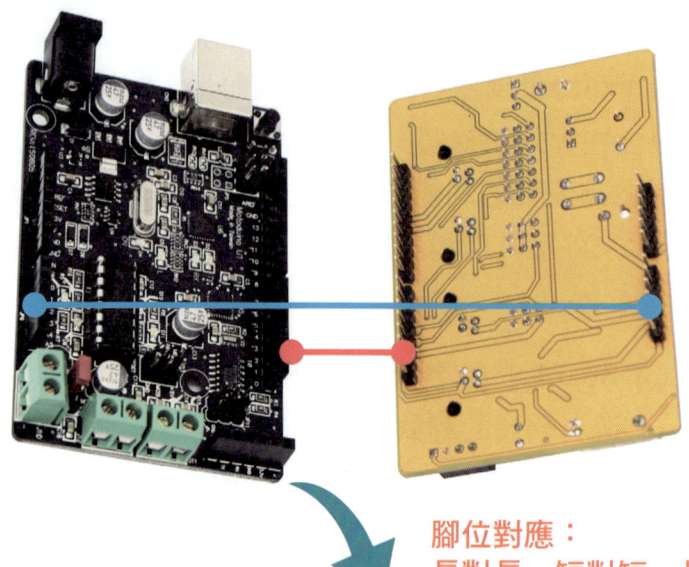

腳位對應：
長對長、短對短，最後對最後

⚠ 注意：Arduino 裝上擴充板後，請務必將兩者壓緊壓實。

　　慧手科技的 S4A Sensor Board 既然號稱是 Arduino UNO 的擴充板，那麼當然得安裝在 Arduino UNO 上才能開始使用。因此，請先將 Sensor Board 依上圖指示的方式，與相容於 Arduino UNO 的 Motoduino U1 做接合。

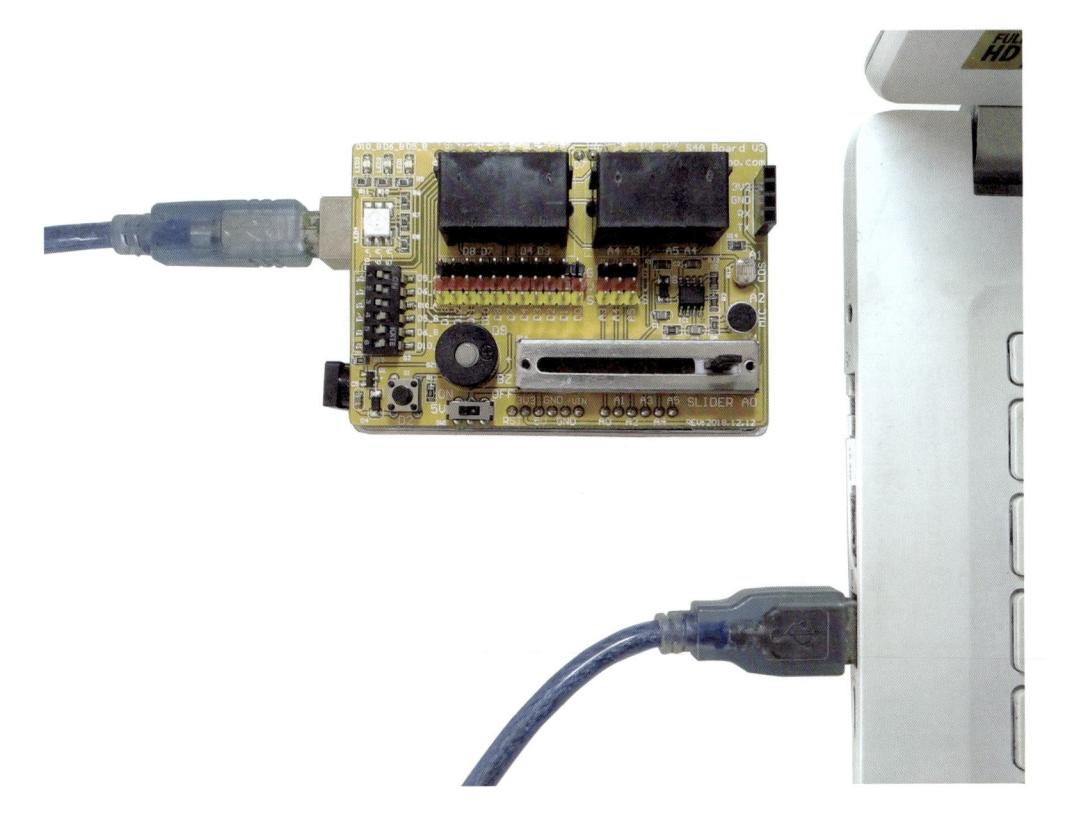

如上圖所示，組裝完成後再將 Motoduino U1 以 USB 線與電腦對接，在電腦的裝置管理員中找到 Arduino 對應的 COM Port 位置後（Arduino 開發板的驅動程式安裝流程請參閱前一章），便可以開始編寫 Arduino 的相關程式。

2-2 單色 LED 入門

LED 簡介

在完成 S4A Sensor Board 與 Motoduino U1 的組裝後，接下來就可以開始選擇要操控的 Arduino 外接硬體裝置。由於單色 LED 對於 Arduino 來說是一個既常見、又基本的外接元件，因此本節便選擇 Sensor Board 上三個不同顏色的單色 LED（如下圖所示），做為學習編寫 Arduino 程式的入門範例。

D10_B　D6_B　D5_B
（紅）　（黃）　（綠）

由於 S4A Sensor Board 是屬於 Arduino 的一種擴充板，所以在 S4A Sensor Board 跟 UNO 或 U1 開發板組裝接合後，Sensor Board 上的各個元件便會透過對接的排針與 Arduino 上的腳位產生連結，如此程式便能透過指定腳位的方式來操控擴充板上的元件。而在操控 Arduino 的外接元件前，通常得先了解該元件的一些重點資訊：

1. 該元件是屬於 Arduino 的輸入（INPUT）還是輸出（OUTPUT）裝置？
2. 該元件是屬於數位（Digital）還是類比（Analog）裝置？
3. 該元件是接到 Arduino 開發板的哪個腳位？

因為單色 LED 是由 Arduino 來決定點亮或熄滅的發光元件，而且又無法收集任何資訊回傳給 Arduino，所以它們無庸置疑是屬於 Arduino 的「輸出裝置」。另外單色 LED 的控制多為「點亮」或「熄滅」兩種狀態的切換，因此可推斷其最有可能是被連接到數位腳位的「數位裝置」。

從 Sensor Board 上所標示的腳位可知，這三顆單色 LED 果然是連接至 Arduino 開發板上的數位腳位，如上圖所示，其 LED 顏色與 Arduino 開發板的腳位對應，由右至左分別是：綠色—D5、黃色—D6、紅色—D10。

　　由於這三個單色 LED 會與擴充板上的 RGB LED 共用 D5、D6、D10 的腳位，因此這三個數位腳位會有 A、B 之分，其中 D5_A、D6_A、D10_A 分別控制 RGB LED 的綠、紅、藍三色；而 D5_B、D6_B、D10_B 則對應到單色 LED 的綠、黃、紅三色。Sensor Board 上也提供了指撥開關（DIP Switch）來讓使用者能夠切換目前 LED 的連線狀況（如下圖所示），讓使用者可以藉此指定要操控的 LED 線路。

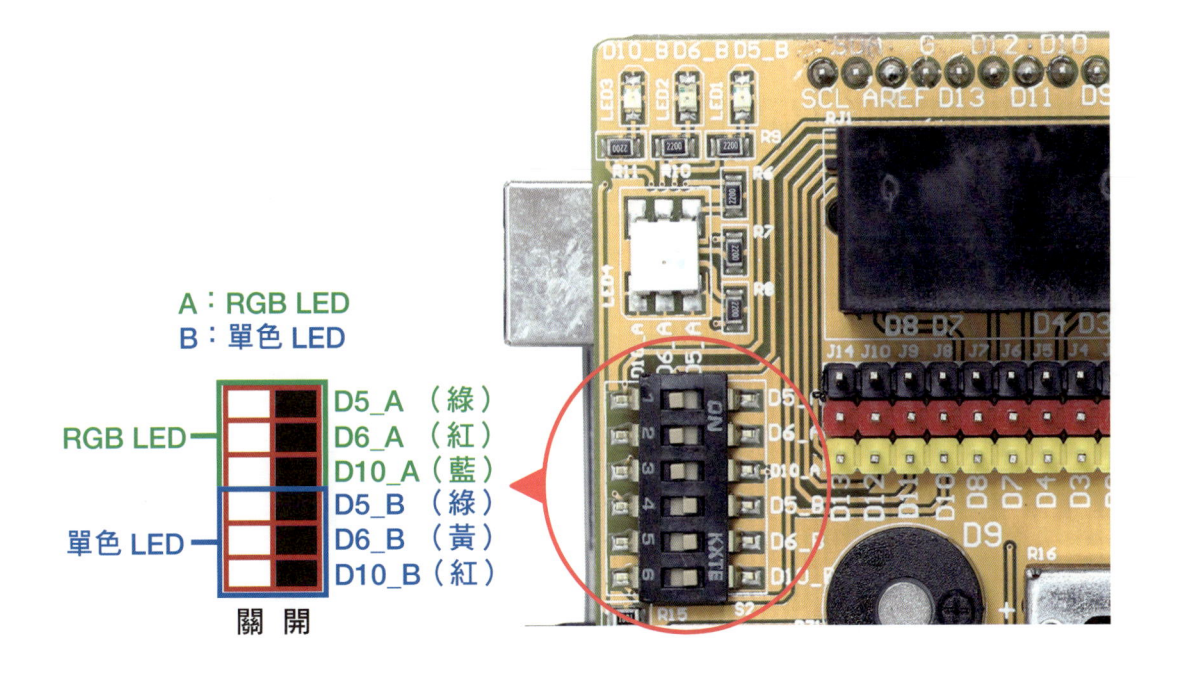

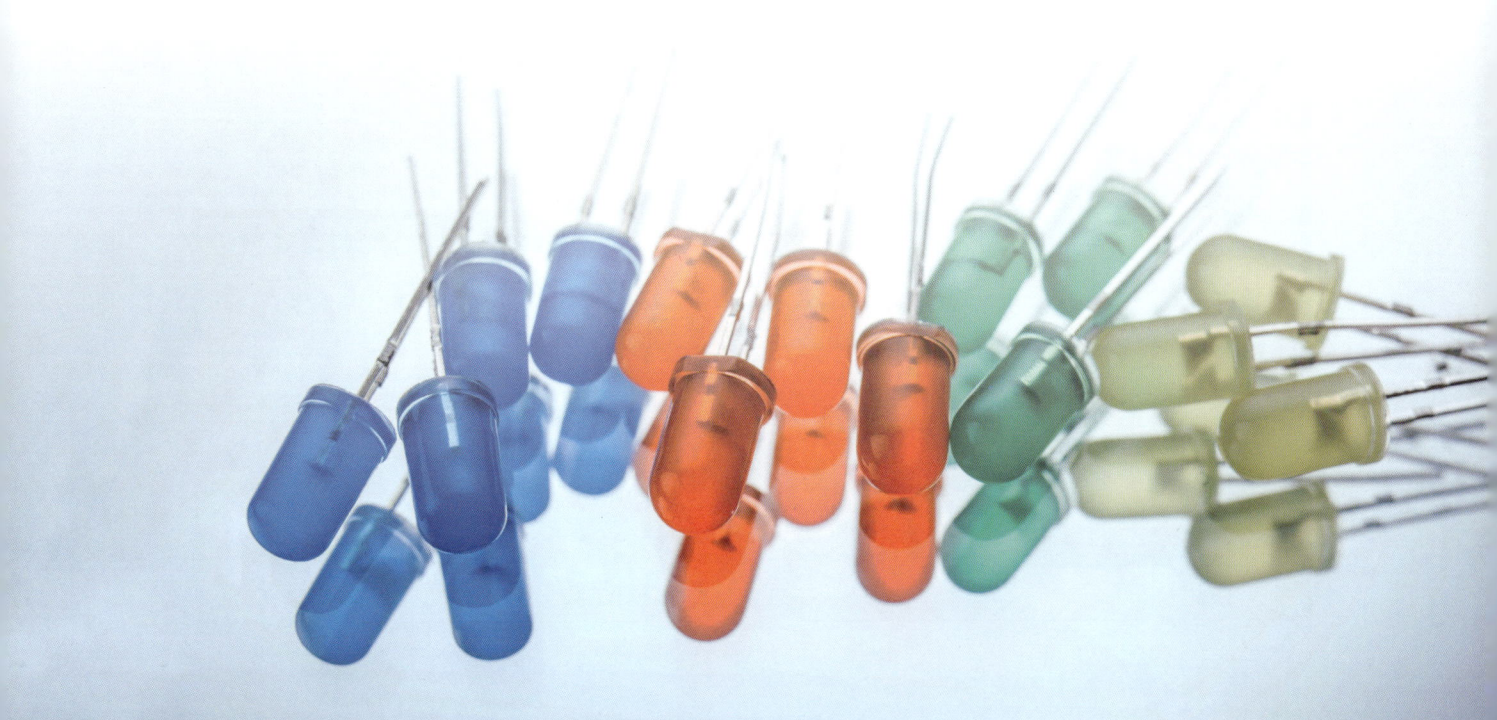

範例 1 ｜ 單色 LED I

10 分鐘

讓 Sensor Board 上的黃色 LED 持續閃爍。

在萬籟俱寂、人們進入夢鄉的夜晚，位在交通較不繁忙的路口紅綠燈也會跟著進入休眠的狀態，此時的紅綠燈會以一定的間隔時間閃爍著黃燈。接下來要做的這個單色 LED 的控制程式，便是讓 Sensor Board 上的單色 LED 黃燈（D6）也能和休眠的紅綠燈一樣，以間隔 1 秒的時間持續進行閃爍的動作。

操作流程

1. 點亮 Sensor Board 上的單色 LED 黃燈（D6），並維持點亮狀態 1 秒鐘。
2. 關閉 Sensor Board 上的單色 LED 黃燈（D6），並維持關閉狀態 1 秒鐘。
3. 反覆執行步驟 1～2。

motoBlockly 篇

本練習主要使用到的程式積木有二：一是如下圖所示，位在「腳位輸入／輸出」群組中，可藉由設定數位腳位輸出高／低電位差來開關外接元件的程式積木 `設定數位腳位 0 為 高` 。

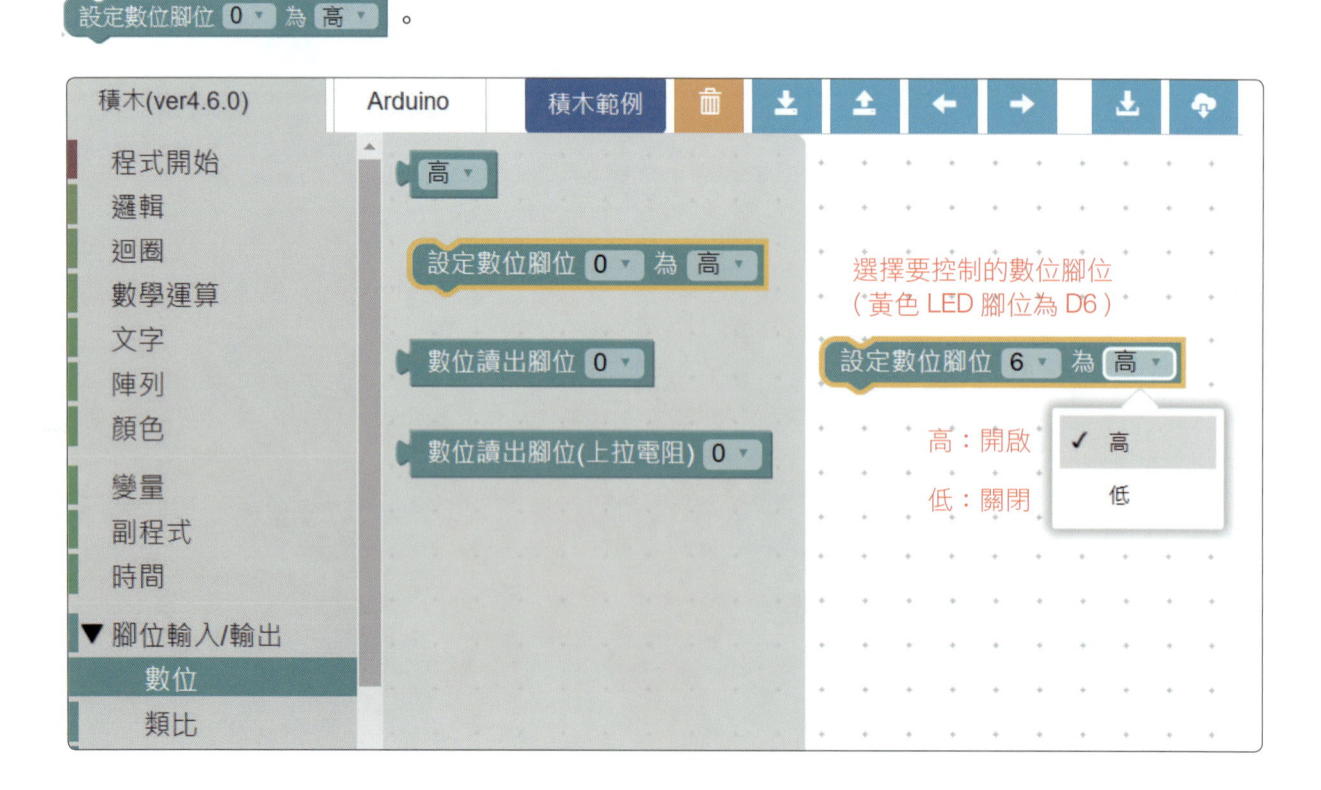

若使用此程式積木將指定的數位腳位設定為「高」時，連接至該腳位的 LED 便會被點亮；反之設定為「低」時，則是將連接至該腳位的 LED 關閉。該程式積木的功能說明如下：

程式積木	功能說明
設定數位腳位 0 為 高	設定數位腳位輸出值的積木。 ＜設定數位腳位＞：選擇要數位輸出的腳位。 ＜為＞：設定數位輸出值（高或低）。 // 對應程式碼： Setup~ 　　pinMode（指定輸出腳位, OUTPUT）； Code~ digitalWrite （輸出腳位, HIGH/LOW）；

另一個會使用到的程式積木，則是位在「時間」群組中的時間延遲積木。

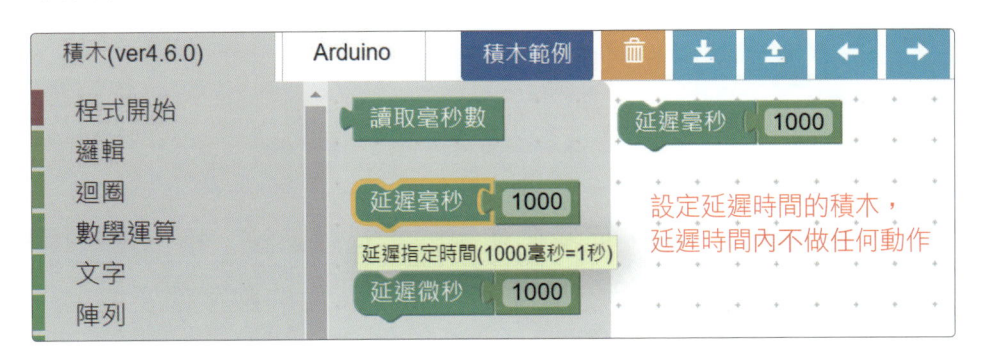

設定延遲時間的積木，延遲時間內不做任何動作

「時間」群組中有兩個時間延遲的程式積木，但因時間單位的不同，即使後面輸入的數字相同，兩個積木實際延遲的時間也會不同，但兩者均可讓程式在延遲時間內只能停頓等待，而無法去做其他的動作。

程式積木	功能說明
延遲毫秒 1000	設定停頓等待時間的積木。 《延遲毫秒》：等待秒數，時間單位為毫秒（千分之一秒，1000 毫秒 =1 秒）。 // 對應程式碼： delay（延遲毫秒）；
延遲微秒 1000	設定停頓等待時間的積木。 《延遲微秒》：等待秒數，時間單位為微秒（百萬分之一秒，1000000 微秒 =1 秒）。 // 對應程式碼： delayMicroseconds （延遲微秒）；

另外在操控單色 LED 前，請記得先將 Sensor Board 上單色 LED 的指撥開關切換至 ON 的位置 [如右圖紅框處所示，指撥開關編號 4（D5_B）、5（D6_B）與 6（D10_B）三處的開關均需切換至右手邊]，如此單色 LED 的線路才能確實地被接通，LED 才能正確地進行運作。

motoBlockly 完整程式碼

設定

迴圈
- 設定數位腳位 6 為 高 　　　點亮 D6 腳位的黃色 LED
- 延遲毫秒 1000 　　　在 LED 亮著的狀態下，等待 1000 毫秒 (1 秒)
- 設定數位腳位 6 為 低 　　　關閉 D6 腳位的黃色 LED
- 延遲毫秒 1000 　　　在 LED 關閉的狀態下，等待 1000 毫秒 (1 秒)

由於閃爍的時間差是 1 秒鐘，而我們使用的「延遲毫秒」積木其時間單位是代表 1/1000 秒的毫秒，所以在兩個「延遲毫秒」積木後面的數字都要填上 1000 才會等於 1 秒鐘。另外，由於範例中所堆疊的 4 個程式積木都放置在「迴圈」的程式積木裡，而位在迴圈中的程式均會被不停的執行，因此當程式碼上傳至 Arduino 開發板後，Sensor Board 上的 D6 腳位黃色 LED 便會開始不停地重複閃爍。

Arduino C 程式碼與功能相關說明

```
1 void setup()    //只做一次的設定(Setup)函式
2 {
3     pinMode(6, OUTPUT);    //設定控制黃色LED的D6腳位為輸出模式
4 }
5
6 void loop()    //重複執行的迴圈(Loop)函式
7 {
8     digitalWrite(6,HIGH); //將黃色LED的D6腳位設為高電位，點亮黃色LED
9     delay(1000);          //等待1000毫秒(黃色LED維持點亮狀態1秒)
10    digitalWrite(6,LOW);  //將黃色LED的D6腳位設為低電位，熄滅黃色LED
11    delay(1000);          //等待1000毫秒(黃色LED維持熄滅狀態1秒)
12 }
```

範例 2 ｜ 單色 LED II

30 分鐘

以三顆單色 LED 來模擬紅綠燈的動作。

經過了範例 1 的簡單暖身之後，相信大家對於單色 LED 的控制已經有了一定的了解。而在 Sensor Board 上的三顆單色 LED 的顏色與相對位置，剛好就與常見的紅綠燈相同，因此接下來的範例就以這三顆單色 LED 來模擬一般紅綠燈的運行。

操作流程

1. 首先點亮 Sensor Board 上的綠色 LED 燈（D5）10 秒鐘。
2. 10 秒後，綠色 LED 燈閃爍 5 次（閃爍時間差為 0.2 秒）後熄滅，此時改為點亮 Sensor Board 上的黃色 LED 燈（D6）。
3. 黃色 LED 燈點亮 2 秒後熄滅，改為點亮 Sensor Board 的紅色 LED 燈（D10）。
4. 紅色 LED 燈點亮 10 秒後熄滅。
5. 反覆進行步驟 1～4。

motoBlockly 篇

由於上述操作流程的步驟 2 中，綠色 LED 有「閃爍 5 次」的需求，因此需要用到 motoBlockly 裡「迴圈」群組中的『循環計數』或『重複 X 次─執行』程式積木來配合（如下圖所示）；而『重複 X 次─執行』積木中的 X，則是可以直接填入循環次數，或者使用「數學運算」群組中的 0 積木來組合運用。

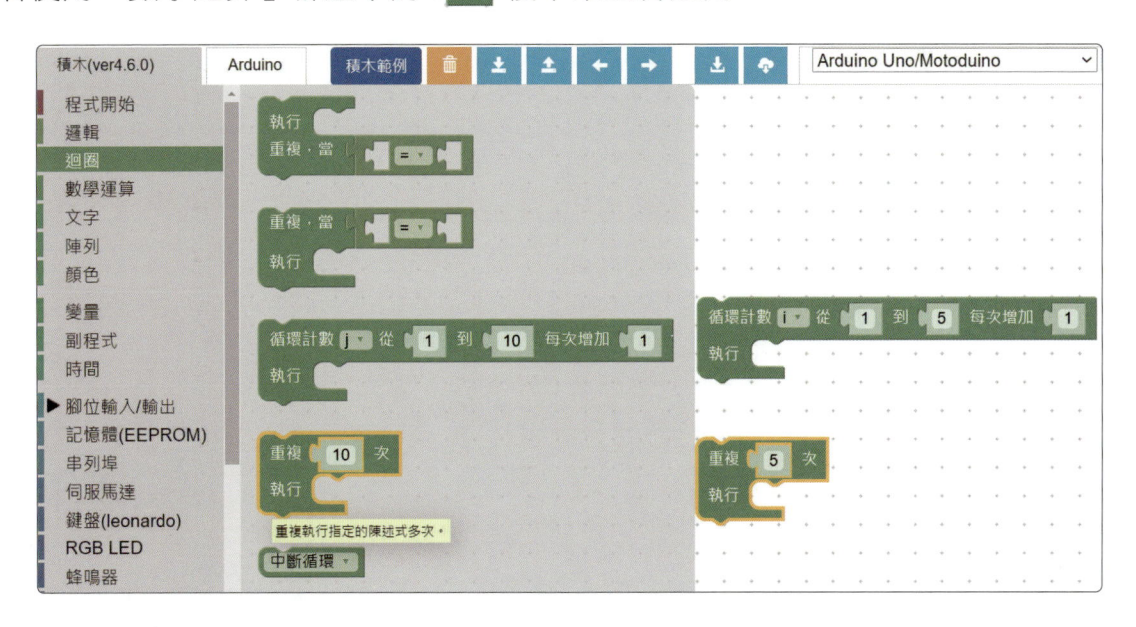

程式積木	功能說明

循環計數 i 從 1 到 10 每次增加 1 執行	可藉由設定遞增變數的初始值、最大值和遞增值來決定要重複的次數與執行動作的積木。
	從範圍《1》到《10》每隔《1》：迴圈跑 10 次。
	< 循環計數 >：用來計算迴圈重複次數的遞增變數。
	《從》：設定遞增變數的初始值。
	《到》：設定遞增變數的最大值。
	《每次增加》：設定遞增變數每次要增加的遞增值。
	【執行】：設定要迴圈執行的工作內容。
	
	// 對應程式碼：
	for（i= 初始值； i<= 遞增變數的最大值； i+ 遞增值）
	{
	    欲執行的工作…;
	}

重複 10 次 執行	可設定迴圈重複執行次數的積木。
	會重複跑【執行】裡面的程式積木動作，直到執行次數符合《重複》設定的重複次數為止。
	《重複》：設定迴圈的重複次數。
	【執行】：設定要迴圈執行的工作流程。
	
	// 對應程式碼：
	for（int count=0; count< 重複次數； count ++） {
	    欲執行的工作…;
	}

0	設定數字的積木

motoBlockly 完整程式碼

設定

迴圈

設定數位腳位 5 為 高 　　點亮 D5 腳位的綠色 LED 10 秒
延遲毫秒 10000
重複 5 次　　10 秒後，綠色 LED（D5）閃爍 5 次
執行
　　設定數位腳位 5 為 高
　　延遲毫秒 200
　　設定數位腳位 5 為 低
　　延遲毫秒 200

設定數位腳位 6 為 高 　　點亮 D6 腳位的黃色 LED 2 秒
延遲毫秒 2000
設定數位腳位 6 為 低 　　2 秒後，黃燈 LED（D6）熄滅
設定數位腳位 10 為 高 　　點亮 D10 腳位的紅色 LED 10 秒
延遲毫秒 10000
設定數位腳位 10 為 低 　　10 秒後，紅燈 LED（D10）熄滅

Arduino C 程式碼與功能相關說明

```
1  void setup()    //只做一次的設定(Setup)函式
2  {
3      pinMode(5, OUTPUT);    //設定控制綠色LED的D5腳位為輸出模式
4      pinMode(6, OUTPUT);    //設定控制黃色LED的D6腳位為輸出模式
5      pinMode(10, OUTPUT);   //設定控制紅色LED的D10腳位為輸出模式
6  }
7
8  void loop()     //重複執行的迴圈(Loop)函式
9  {
10     digitalWrite(5,HIGH);  //將綠色LED的D5腳位設為高電位,點亮綠色LED
11     delay(10000);          //等待10000毫秒(綠色LED維持點亮狀態10秒)
12
13     //綠色LED以間隔時間0.2秒的週期閃爍5次
14     for (int count = 0; count < 5; count++) {
15         digitalWrite(5,HIGH);
16         delay(200);
17         digitalWrite(5,LOW);
18         delay(200);
19     }
20     digitalWrite(6,HIGH);  //將黃色LED的D6腳位設為高電位,點亮黃色LED
21     delay(2000);           //等待2000毫秒(黃色LED維持點亮狀態2秒)
22     digitalWrite(6,LOW);   //將黃色LED的D6腳位設為低電位,關閉黃色LED
23     digitalWrite(10,HIGH); //將紅色LED的D10腳位設為高電位,點亮紅色LED
24     delay(10000);          //等待10000毫秒(紅色LED維持點亮狀態10秒)
25     digitalWrite(10,LOW);  //將紅色LED的D10腳位設為低電位,關閉紅色LED
26 }
```

2-3 按鈕與蜂鳴器（Buzzer）

蜂鳴器（D9 / 輸出）

按鈕模組（D2 / 輸入）

　　在上個單元中，經由介紹如何操控 S4A Sensor Board 上的單色 LED，讓大家可以了解並熟悉 Arduino 圖控式軟體 motoBlockly 及 mBlock 的基本操作方式。在對這兩套軟體的操作有了基本的認識之後，為了讓 Arduino 開發板的應用練習能有更多的搭配和變化，本單元將一次介紹兩個 Sensor Board 上的輸出入元件，分別是位於 D2 腳位的按鈕模組（Button）與 D9 腳位的蜂鳴器（Buzzer）。

　　如上圖所示，按鈕與蜂鳴器均位在 Sensor Board 左下角的位置，我們要先知道這兩個元件的基本資訊，才有辦法進一步地操控它們。

按 鈕

　　和一般的按鈕功能一樣，Sensor Board 上的回彈式按鈕提供了使用者開啟或關閉 Arduino 某項功能的觸發開關。由於按鈕會將「有沒有被按下」的狀態資訊回傳給 Arduino 開發板，因此對於 Arduino 而言，按鈕是屬於「輸入裝置」。而且由於 Sensor Board 上的回彈式按鈕只有分「有被按下」和「沒有被按下」兩種狀態，因此按鈕是屬於二分法的數位輸入（Digital INPUT）裝置，其接腳多半會被連接至 Arduino 開發板上的數位腳位。由上圖 Sensor Board 上標示的腳位號碼可知，該按鈕模組最終是被連接至 Arduino 的 D2 腳位。

另外為了避免在讀取按鈕狀態時受到雜訊的干擾，因此 Arduino 在使用按鈕模組時多會再搭配一個 10k～20k 歐姆的電阻，而根據該電阻安裝位置的不同，又分為在 VCC 端的上拉電阻（Pull-Up）和 GND 端的下拉電阻（Pull-Down）。不過由於 Sensor Board 是以下拉模式配置按鈕與電阻，因此該按鈕在「沒有被按下時」會回傳 LOW，「被按下時」則會回傳 HIGH。反之，若是按鈕與電阻是以上拉模式配置，則該按鈕在「沒有被按下時」是回傳 HIGH，「被按下時」反而會回傳 LOW。

蜂鳴器

Arduino 使用的蜂鳴器以內部有無包含振盪電路，分為有源及無源蜂鳴器兩類。有源蜂鳴器內建了一組固定的頻率，只要接通電源，其就能發出特定的聲音；反之，無源蜂源器則需透過程式來指定頻率，才能讓它發出對應的音調。但不管有源還是無源，蜂鳴器在 Arduino 專案中扮演的角色就是可以發出聲音的喇叭。由於蜂鳴器是可由 Arduino 決定是否發出聲音的元件，因此是屬於 Arduino 的「輸出裝置」。而其在 Sensor Board 上所被配置的位置，是可支援 PWM 類比輸出的 D9 腳位。

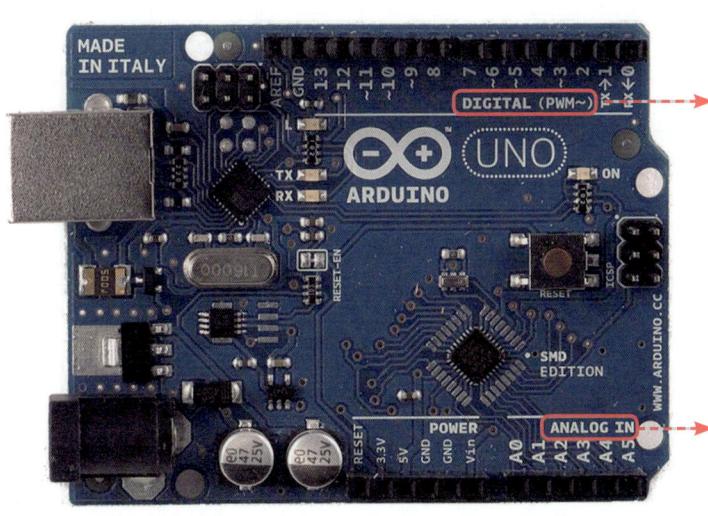

Arduino 可在有標示 ~ 的數位腳位（D3、D5、D6、D9、D10、D11）以 PWM 技術模擬輸出類比訊號

ANALOG IN～Arduino 上已標明其類比腳位上的訊號只輸入不輸出

由於 Arduino UNO 操控蜂鳴器時使用的函式庫（tone.h）與 D3、D11 腳位的 PWM 功能（analogWrite()）會用到同一組 Timer（Timer2），因此在使用蜂鳴器時，請務必避免使用 D3 及 D11 的 PWM 功能，否則會因相互干擾並造成該腳位的 PWM 功能無法正常執行。

範例 3 ｜ 按鈕與單色 LED

30 分鐘

以按鈕模組模擬開關燈的動作。

在清楚 Sensor Board 上按鈕模組的基本資訊之後，就可以搭配單色 LED 來做一個簡單的「按鈕開關燈」範例。這是一個可讓使用者透過 Sensor Board 上的按鈕模組（D2─輸入），來開啟或關閉 Sensor Board 上的單色綠 LED（D5─輸出）的練習。

操作流程

1. 在設定（setup）函式預設關閉 Sensor Board 上的 D5 腳位綠色 LED。
2. 開始持續偵測流程，當按鈕沒有被按下時（即 D2 的回傳值為 LOW 時），什麼事情都不做。（此時的綠色 LED 是關閉熄滅的狀態）
3. 當偵測到按鈕被第一次按下時（即 D2 的回傳值為 HIGH 時），讓程式離開持續偵測流程，並點亮 D5 腳位的綠色 LED。
4. 等待延遲 0.5 秒，讓使用者有放開按鈕的時間。
5. 再度開始持續偵測流程，當按鈕沒有再次被按下時（即 D2 的回傳數值為 LOW 時），什麼事情都不做。（此時的綠燈會維持著點亮的狀態）
6. 當按鈕再次被按下時，程式離開持續偵測流程並關閉 D5 腳位的綠色 LED。
7. 等待延遲 0.5 秒，讓使用者有放開按鈕的時間。
8. 反覆執行步驟 2～7。

motoBlockly 篇

本練習使用到的 motoBlockly 程式積木如下圖所示，位在「迴圈」群組內可一直重複執行的『重複 當／執行』積木，以及位在「邏輯」群組內的條件判斷積木，兩者搭配起來便可完成用來持續偵測某條件是否成立的迴圈判斷式。

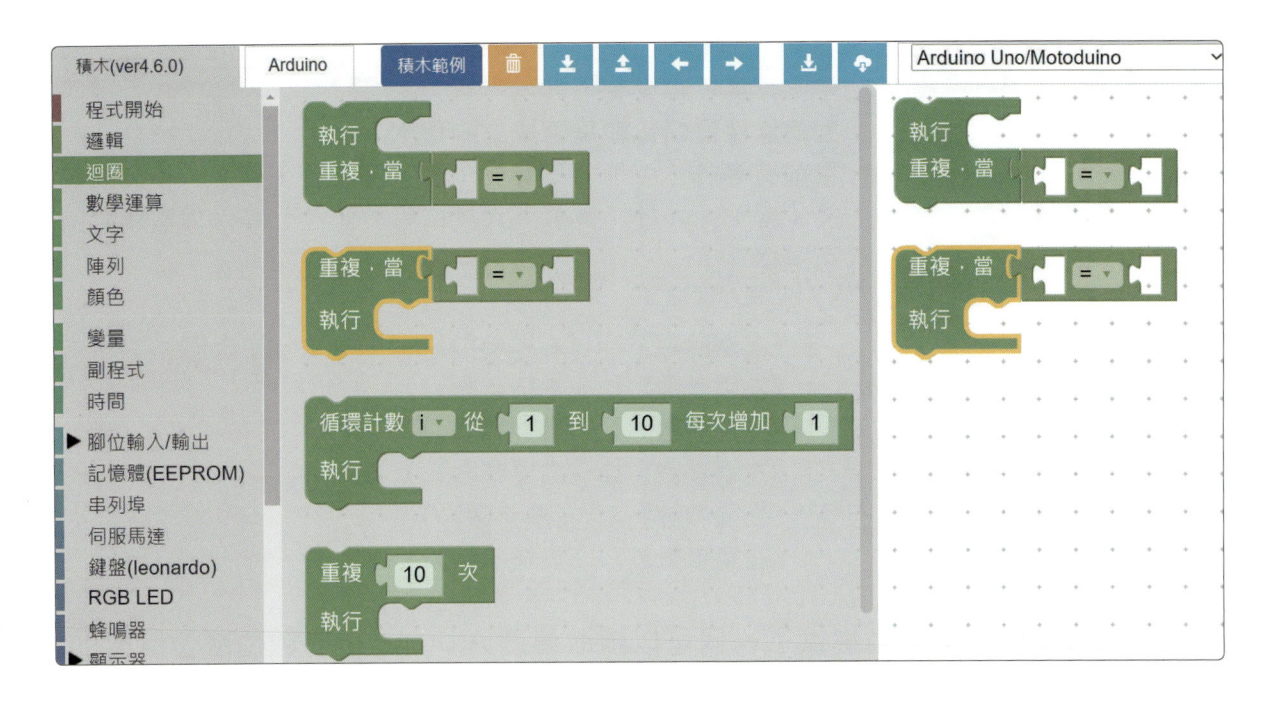

在「迴圈」群組內存在一個和『重複 當 / 執行』功能十分類似的『執行 / 重複 當』程式積木，兩者的差異在於程式是先執行一次再以條件是否成立來決定是否執行下一次，還是先判斷條件是否成立再決定是否執行一次。詳細的功能說明在這邊一併做介紹。

程式積木	功能說明

 執行
重複 當
	設定先執行工作、再判斷條件的迴圈積木。
	先執行一次迴圈內的工作內容，再判斷重複條件是否成立來決定是否再執行一次迴圈內的工作內容。
	【執行】：設定要迴圈執行的工作內容。
	《當》：設定是否執行下一次迴圈的判斷條件。
	// 對應程式碼：
	do {
	　　欲執行的工作…;
	} while（（判斷條件））

 重複 當
執行
	設定先判斷條件、再執行工作的迴圈積木。
	先判斷執行迴圈的條件是否成立，再決定是否繼續執行迴圈內的工作內容。
	《當》：設定是否執行迴圈的判斷條件。
	【執行】：設定要迴圈執行的工作內容。
	// 對應程式碼：
	while（（判斷條件）） {
	　　欲執行的工作…;
	}

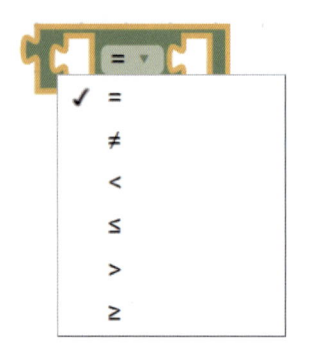

程式積木	功能說明
(下拉選單：=, ≠, <, ≤, >, ≥)	回傳條件邏輯比較是否成立的積木。 目前有等於（＝）、不等於（≠）、小於（＜）、小於或等於（≦）、大於（＞）、大於或等於（≧）等六種數學判斷可選擇。 // 對應程式碼： （《左邊參數》==《右邊參數》） （《左邊參數》!=《右邊參數》） （《左邊參數》<《右邊參數》） （《左邊參數》<=《右邊參數》） （《左邊參數》>《右邊參數》） （《左邊參數》>=《右邊參數》）

另外，motoBlockly 也提供了一個可以讀取偵測 Arduino 所有數位腳位狀態的程式積木，這塊『數位讀出腳位』程式積木便放置在如下圖所示的「腳位輸入／輸出」群組中的「數位」選項裡。

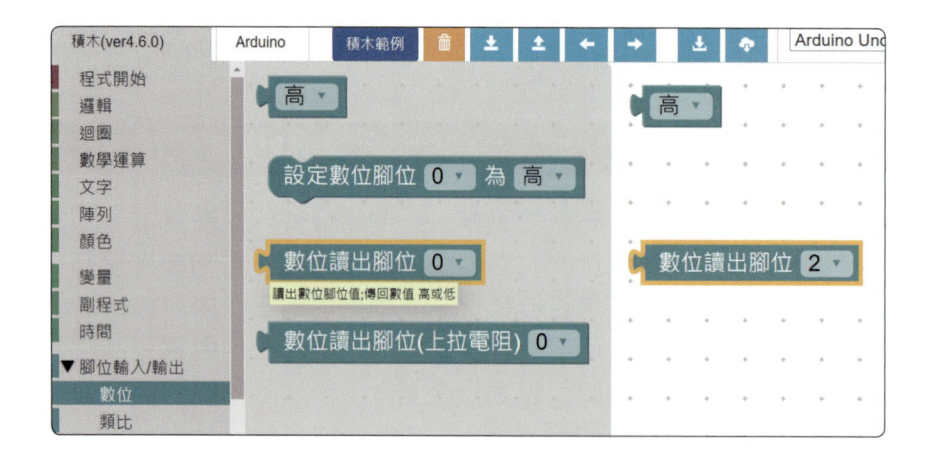

當『數位讀出腳位』程式積木的腳位設定為 Sensor Board 上按鈕的 D2 後，我們就可以藉由此積木的回傳值來判斷目前 Sensor Board 上的按鈕是否有被按下（回傳 LOW 時是沒被按下，回傳 HIGH 時則是已被按下）。

程式積木	功能說明
數位讀出腳位 0	回傳指定腳位（下拉電阻）目前數位讀值的積木。 < 數位讀出腳位 >：選擇欲讀取偵測值的腳位。 // 對應程式碼： Setup~ pinMode（指定讀出腳位, INPUT）； Code~ digitalRead（指定讀出腳位）；

程式積木	功能說明
數位讀出腳位(上拉電阻) 0	回傳指定腳位（上拉電阻）目前數位讀值的積木。 < 數位讀出腳位（上拉電阻）>：選擇欲讀取偵測值的上拉電阻腳位。 // 對應程式碼： Setup~ pinMode（指定讀出腳位，INPUT_PULLUP）； Code~ digitalRead（指定讀出腳位）；
高 ▼ ✓ 高 低	回傳數位讀值的積木。 高 / 低：HIGH / LOW。

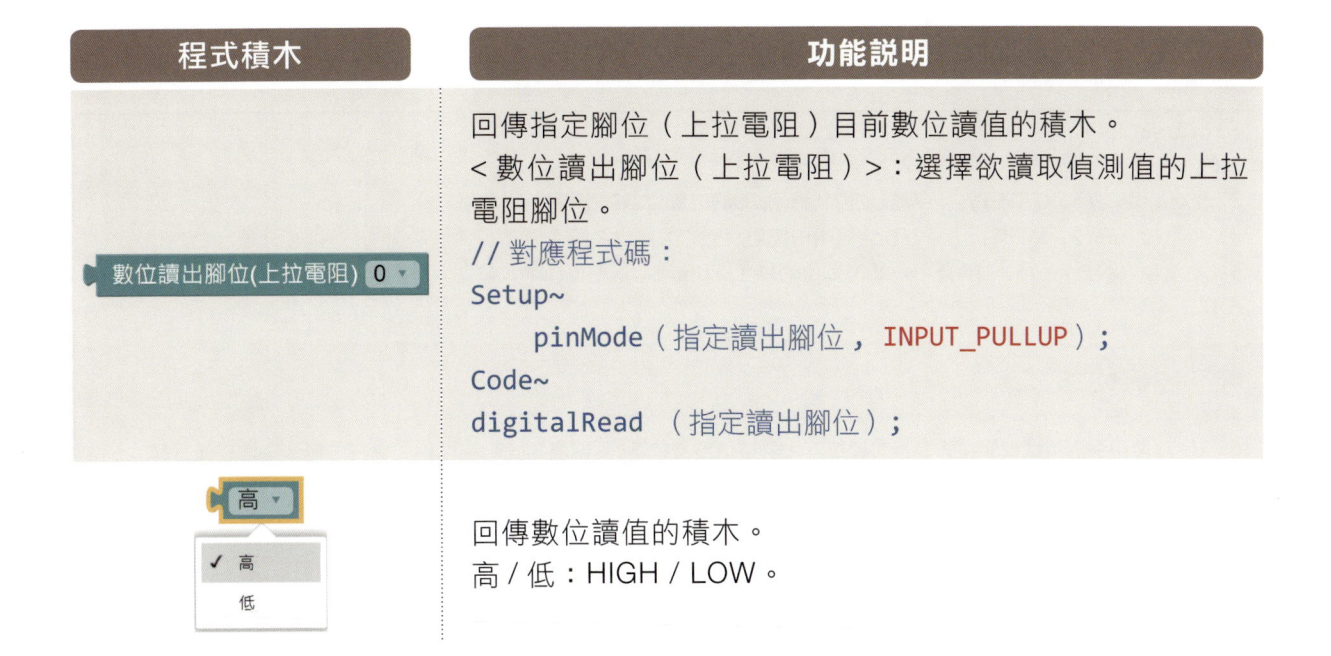

motoBlockly 完整程式碼

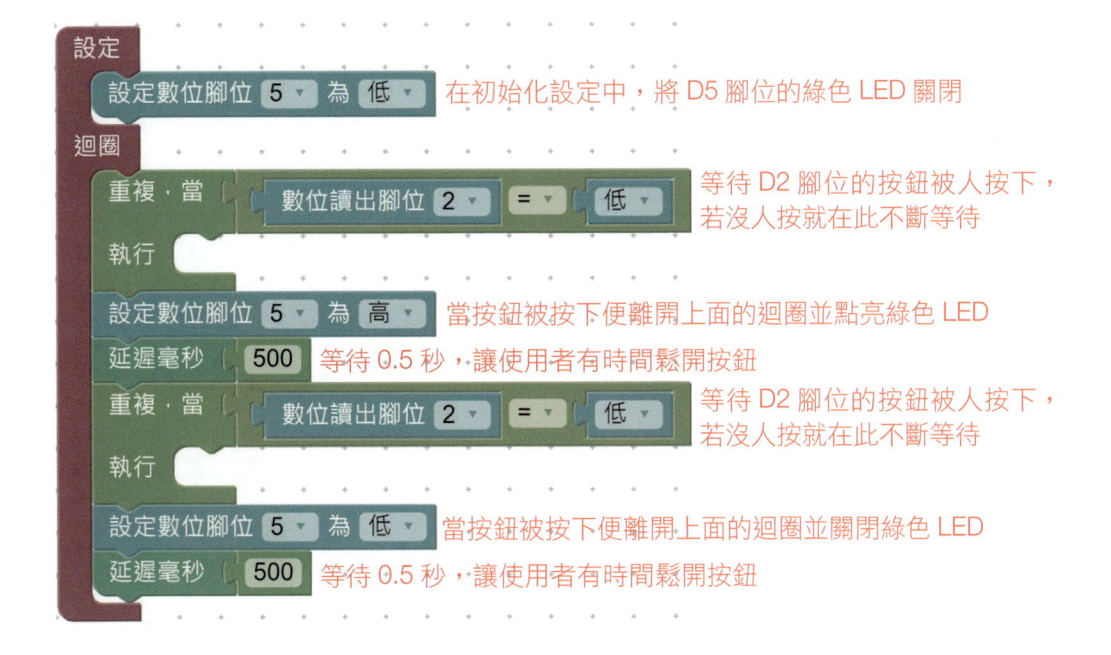

設定
- 設定數位腳位 5 為 低　　在初始化設定中，將 D5 腳位的綠色 LED 關閉

迴圈
- 重複，當　數位讀出腳位 2 = 低　　等待 D2 腳位的按鈕被人按下，若沒人按就在此不斷等待
  執行
- 設定數位腳位 5 為 高　　當按鈕被按下便離開上面的迴圈並點亮綠色 LED
- 延遲毫秒 500　　等待 0.5 秒，讓使用者有時間鬆開按鈕
- 重複，當　數位讀出腳位 2 = 低　　等待 D2 腳位的按鈕被人按下，若沒人按就在此不斷等待
  執行
- 設定數位腳位 5 為 低　　當按鈕被按下便離開上面的迴圈並關閉綠色 LED
- 延遲毫秒 500　　等待 0.5 秒，讓使用者有時間鬆開按鈕

　　由於在一般的狀態下，Sensor Board 上的按鈕（D2）回傳值會是代表沒被按下的低（LOW）電位，因此迴圈函式 loop（）中第一個『重複 當 / 執行』積木會讓按鈕在被按下前，Arduino 什麼都不做的在這個積木中不停地打轉。直到按鈕第一次被按下、D2 回傳值變成 HIGH 時，程式才會跳離這個『重複 當 / 執行』積木往下一個積木（即點亮 D5 腳位的綠色 LED）運行。而 loop（）函式中第二個『重複 當 / 執行』積木也同樣有等待按鈕被按下的功用，需等到按鈕再次被按下後才會跳離第二個迴圈來關閉綠色 LED。

Arduino C 程式碼與功能相關說明

```
1  void setup()
2  {
3      pinMode(5, OUTPUT);     //設定控制綠色LED的D5腳位為輸出模式
4      pinMode(2, INPUT);      //設定可讀取按鈕狀態的D2腳位為輸入模式
5      digitalWrite(5, LOW);   //將D5腳位的綠色LED預設為低電位(LOW，關閉)狀態
6  }
7
8  void loop()
9  {
10     //使用迴圈持續偵測按鈕是否有被按下，若持續沒被按下(回傳值為LOW)，則程式會持續無作為地在此打轉
11     //一旦按鈕被按下(回傳值為HIGH)，則此迴圈的判斷式便不會成立，程式便會跳離此迴圈開始執行第14行程式碼
12     while ((digitalRead(2) == LOW)) {
13     }
14     digitalWrite(5,HIGH);   //將D5腳位的綠色LED設為高電位(HIGH，點亮LED)
15     delay(500);             //等待500毫秒(0.5秒)，讓使用者有時間放開按鈕，以免程式直接跳到第21行程式碼
16
17     //使用迴圈持續偵測按鈕是否有被按下，若持續沒被按下(回傳值為LOW)，則程式會持續無作為地在此打轉
18     //一旦按鈕被按下(回傳值為HIGH)，則此迴圈的判斷式便不會成立，程式便會跳離此迴圈開始執行第21行程式碼
19     while ((digitalRead(2) == LOW)) {
20     }
21     digitalWrite(5,LOW);    //將D5腳位的綠色LED設為低電位(LOW，關閉LED)
22     delay(500);             //等待500毫秒(0.5秒)，讓使用者有時間放開按鈕，以免程式直接跳到第14行程式碼
23 }
```

範例 4 | 按鈕與蜂鳴器 I

10 分鐘

模擬門鈴動作。

在完成 Sensor Board 上按鈕與單色 LED 的操作與練習之後，接下來換成使用按鈕搭配蜂鳴器來做新一輪的練習。此範例會以 Sensor Board 上的按鈕加上蜂鳴器來模擬門鈴的動作與聲音，藉由此練習來熟悉 motoBlockly 與 mBlock 中相關蜂鳴器積木的功能與使用方式。

操作流程

1. 不斷偵測 Sensor Board 上 D2 腳位的按鈕是否有被按下。
2. 當按鈕（D2）被按下時，蜂鳴器（D9）就發出叮咚（Si、So）的門鈴聲音。
3. 回到步驟 1 繼續偵測。

motoBlockly 篇

如下圖所示，motoBlockly 中與蜂鳴器相關的幾個程式積木，均被放置在名為「蜂鳴器」的積木群組裡面。透過這些程式積木的設定配合，蜂鳴器就可以發出各式不同的音階聲音。相關積木的功能與說明請直接參考下面的圖表。

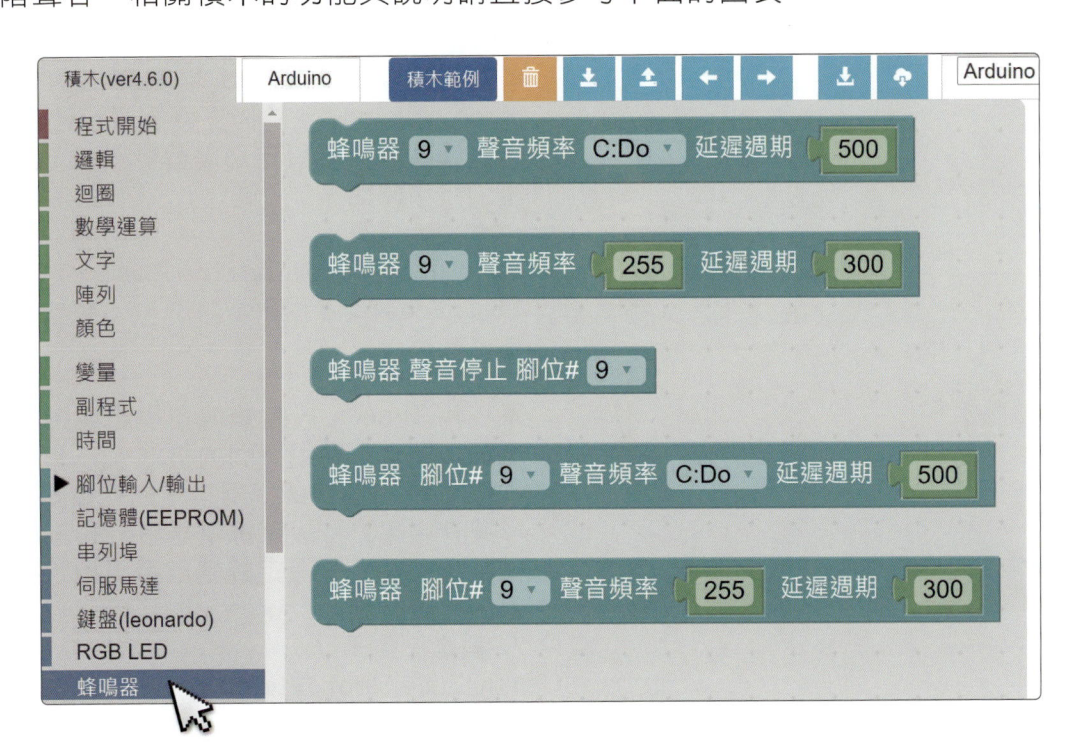

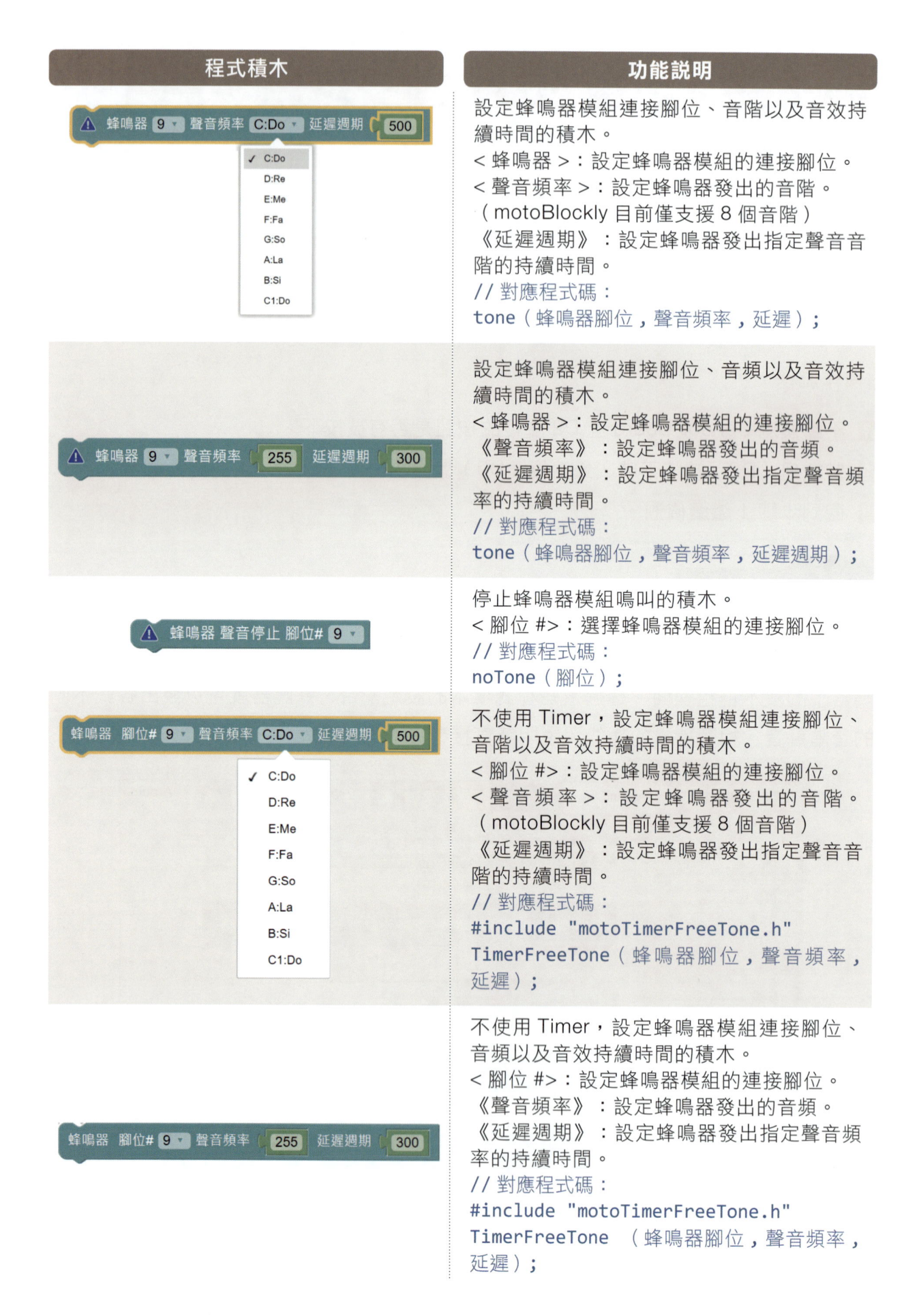

程式積木	功能說明
蜂鳴器 9▼ 聲音頻率 C:Do▼ 延遲週期 500 ✓ C:Do D:Re E:Me F:Fa G:So A:La B:Si C1:Do	設定蜂鳴器模組連接腳位、音階以及音效持續時間的積木。 <蜂鳴器>：設定蜂鳴器模組的連接腳位。 <聲音頻率>：設定蜂鳴器發出的音階。 （motoBlockly 目前僅支援 8 個音階） 《延遲週期》：設定蜂鳴器發出指定聲音音階的持續時間。 // 對應程式碼： tone（蜂鳴器腳位，聲音頻率，延遲）；
蜂鳴器 9▼ 聲音頻率 255 延遲週期 300	設定蜂鳴器模組連接腳位、音頻以及音效持續時間的積木。 <蜂鳴器>：設定蜂鳴器模組的連接腳位。 《聲音頻率》：設定蜂鳴器發出的音頻。 《延遲週期》：設定蜂鳴器發出指定聲音頻率的持續時間。 // 對應程式碼： tone（蜂鳴器腳位，聲音頻率，延遲週期）；
蜂鳴器 聲音停止 腳位# 9▼	停止蜂鳴器模組鳴叫的積木。 <腳位 #>：選擇蜂鳴器模組的連接腳位。 // 對應程式碼： noTone（腳位）；
蜂鳴器 腳位# 9▼ 聲音頻率 C:Do▼ 延遲週期 500 ✓ C:Do D:Re E:Me F:Fa G:So A:La B:Si C1:Do	不使用 Timer，設定蜂鳴器模組連接腳位、音階以及音效持續時間的積木。 <腳位 #>：設定蜂鳴器模組的連接腳位。 <聲音頻率>：設定蜂鳴器發出的音階。 （motoBlockly 目前僅支援 8 個音階） 《延遲週期》：設定蜂鳴器發出指定聲音音階的持續時間。 // 對應程式碼： #include "motoTimerFreeTone.h" TimerFreeTone（蜂鳴器腳位，聲音頻率，延遲）；
蜂鳴器 腳位# 9▼ 聲音頻率 255 延遲週期 300	不使用 Timer，設定蜂鳴器模組連接腳位、音頻以及音效持續時間的積木。 <腳位 #>：設定蜂鳴器模組的連接腳位。 《聲音頻率》：設定蜂鳴器發出的音頻。 《延遲週期》：設定蜂鳴器發出指定聲音頻率的持續時間。 // 對應程式碼： #include "motoTimerFreeTone.h" TimerFreeTone （蜂鳴器腳位，聲音頻率，延遲）；

motoBlockly 所提供的前兩個與蜂鳴器相關的程式積木，均可以透過設定或選擇不同的聲音頻率來讓蜂鳴器發出不同的音階。而這兩個程式積木的不同點在於第一個程式積木內僅內建 8 個音階可供選擇，第二個程式積木則是可以自行設定聲音頻率，讓蜂鳴器發出更多不同的音階（聲音頻率與音階的對照表請參考下面的「聲音頻率與音階對照表」）。另外『延遲週期』這個參數設定是決定蜂鳴器的音效持續時間，但只有在蜂鳴器播放單一聲音時有作用；連續播放不同聲音時則須搭配「時間」積木群組裡的『延遲毫秒』或『延遲微秒』程式積木，才能做到讓蜂鳴器在指定時間後停止發聲的功能。

▼聲音頻率與音階對照表

高音	Do	Do#	Re	Re#	Me	Fa	Fa#	So	So#	La	La#	Si
頻率	1048	1108	1176	1244	1320	1396	1480	1568	1660	1760	1856	1976
中音	Do	Do#	Re	Re#	Me	Fa	Fa#	So	So#	La	La#	Si
頻率	524	554	588	622	660	698	740	784	830	880	928	988
低音	Do	Do#	Re	Re#	Me	Fa	Fa#	So	So#	La	La#	Si
頻率	262	277	294	311	330	349	370	392	415	440	464	494

另外，因為此練習需要判斷按鈕是否有被按下，所以這邊會需要用到一個新的判斷程式積木：位在「邏輯」群組中的『如果 / 執行』程式積木。

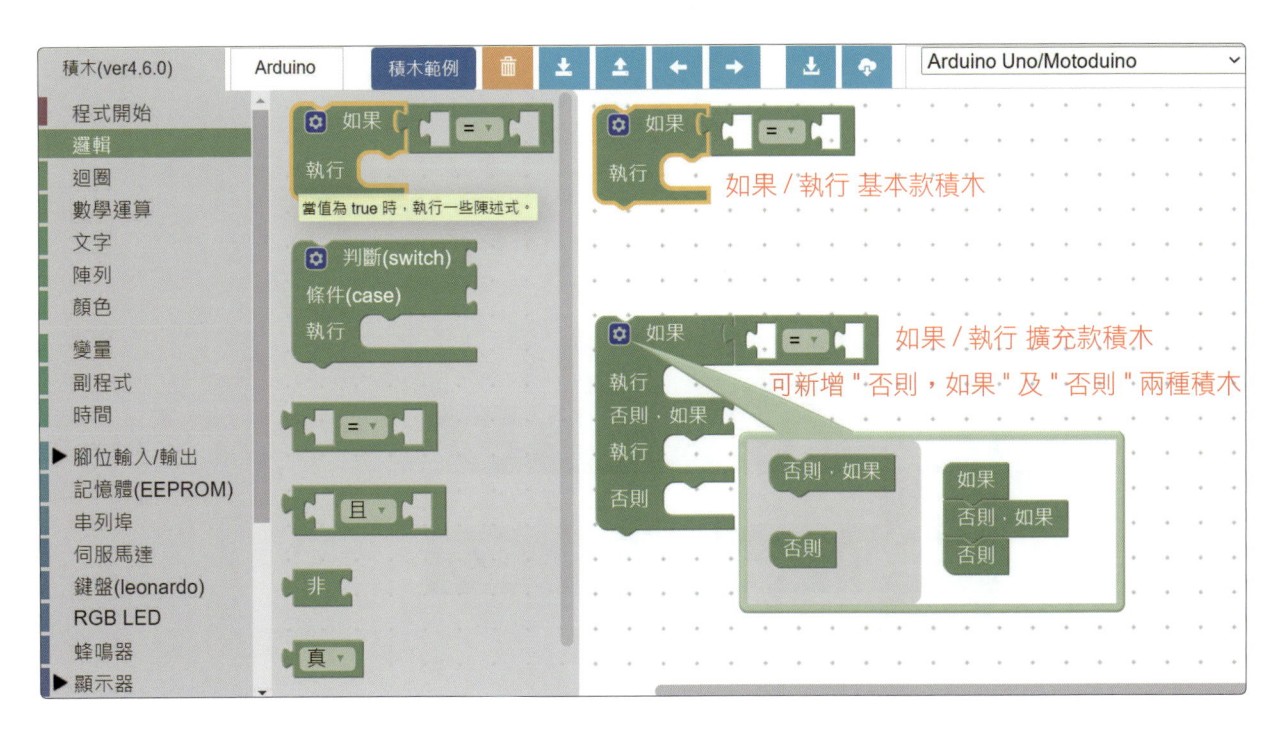

如上圖所示，『如果／執行』程式積木的左上角有一個藍色的 ⚙ 符號，這是提供給使用者擴增新判斷條件的按鈕。使用者可以根據自己程式的需求，加入『否則，如果』程式積木，將積木擴充成『如果／執行 — 否則，如果／執行』判斷執行式；或者加入『否則』程式積木，擴充成『如果／執行 — 否則』積木；當然也可以如上圖般同時加入『否則，如果』及『否則』程式積木，藉以同時判斷並設定多種狀況下的應對動作。

程式積木	功能說明

	設定判斷條件成立才執行某工作內容的積木。
	《如果》：設定是否執行 A 工作內容的判斷條件 I。
	【執行】：設定判斷條件 I 成立後要執行的 A 工作內容。
	《否則 如果》：設定當判斷條件 I 不成立時，是否執行 B 工作內容的判斷條件 II。
	【執行】：設定判斷條件 II 成立後要執行的 B 工作內容。
	【否則】：設定當前面的判斷條件 I、II 均不成立時，才須執行的 C 工作內容。
	// 對應程式碼：
	`if （（判斷條件 I）） {`
	`    A 工作內容…;`
	`}`
	`else if （（判斷條件 II）） {`
	`    B 工作內容…;`
	`}`
	`else {`
	`    C 工作內容…;`
	`}`

motoBlockly 完整程式碼

當 D2 腳位的按鈕被按下時

位於 D9 腳位的蜂鳴器會發出類似門鈴的叮咚聲

或

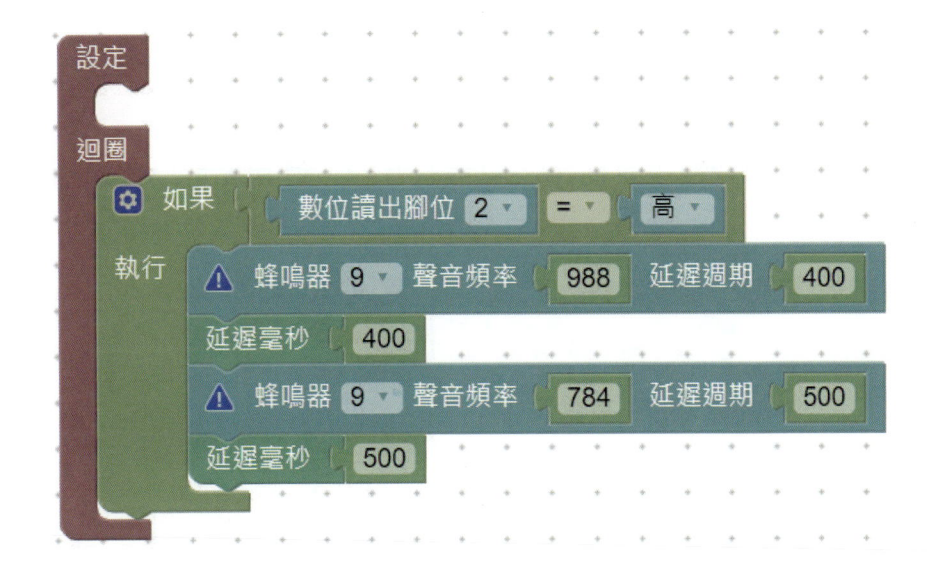

[積木程式圖：設定 / 迴圈 / 如果 數位讀出腳位 2 = 高 / 執行 蜂鳴器 9 聲音頻率 988 延遲週期 400 / 延遲毫秒 400 / 蜂鳴器 9 聲音頻率 784 延遲週期 500 / 延遲毫秒 500]

　　第二個 motoBlockly 門鈴模擬程式以 [蜂鳴器 腳位# 9 聲音頻率 255 延遲週期 300] 積木取代 [蜂鳴器 9 聲音頻率 C:Do 延遲週期 500] 程式積木。但不論使用哪一種積木，兩者在設定後均可發出相同的聲音（兩者轉換後的 Arduino 程式碼也完全相同）。而只要能達到相同的目標與邏輯，motoBlockly 中的程式積木其實很多都可以相互取代，只要能維持程式執行的邏輯及目的，程式如何編寫其實並沒有一定的標準答案。

Arduino C 程式碼與功能相關說明

```
 1 void setup()
 2 {
 3     pinMode(2, INPUT);      //設定可讀取按鈕狀態的D2腳位為輸入模式
 4     pinMode(9, OUTPUT);     //設定可控制蜂鳴器的D9腳位為輸出模式
 5 }
 6
 7 void loop()
 8 {
 9     //當D2腳位的按鈕被按下(回傳值為HIGH)時，D9腳位的蜂鳴器會發出叮咚的聲音
10     if (digitalRead(2) == HIGH) {
11         tone(9,988,400);
12         delay(400);
13         tone(9,784,500);
14         delay(500);
15     }
16 }
```

範例 5 ｜ 按鈕與蜂鳴器 II

30 分鐘

小小音樂盒。

雖然因為蜂鳴器只能根據不同的音頻設定而發出簡單的音階，但其實可以透過輸入一段音樂旋律的程式碼到 Arduino 中，讓 Sensor Board 的 D2 腳位按鈕被按下時，位於 D9 腳位的蜂鳴器便會開始演奏「兩隻老虎」的旋律，使 Arduino 能夠變身成為一個小小的音樂盒。

兩隻老虎 簡譜

1 2 3 1	1 2 3 1	3 4 5	3 4 5	5 6 5 4 3 1	
兩隻老虎，兩隻老虎，跑得快，跑得快。一隻沒有眼睛，					
5 6 5 4 3 1	1 5̲ 1	1 5̲ 1 ‖			註：5̲ 為低音
一隻沒有尾巴，真奇怪，真奇怪。					

操作流程

1 將兒歌「兩隻老虎」旋律分拆成 2Tigers_Section1 與 2Tigers_Section2 上下兩段的兩個副程式，其旋律與音階對照表如下所示。

Do-Re-Me-Do	Do-Re-Me-Do	Me-Fa-So	Me-Fa-So
（兩隻老虎）	（兩隻老虎）	（跑得快）	（跑得快）
So-La-So-Fa-Me-Do	So-La-So-Fa-Me-Do	Do-So̲-Do	Do-So̲-Do
（一隻沒有眼睛）	（一隻沒有耳朵）	（真奇怪）	（真奇怪）

2 開始偵測 Sensor Board 上 D2 腳位的按鈕是否有被按下。

3 當按鈕（D2）被按下時，蜂鳴器就會藉由程式呼叫 2Tigers_Section1 與 2Tigers_Section2 兩個副程式來演奏一次「兩隻老虎」的旋律。

4 演奏完畢後，回到步驟 2 繼續偵測。

motoBlockly 篇

　　基本的 Arduino 程式中一開始只會有 setup（）與 loop（）兩個函式，副程式則是提供給使用者自己建立新函式的地方。使用者可將一段冗長或重複的程式碼打包成一個副程式備用，這樣其他的函式只需呼叫該副程式就可以執行相同的動作或功能，如此除了可大幅減少程式碼的數量以增加程式的可讀性外，還可以大幅提高程式在執行時候的效率。

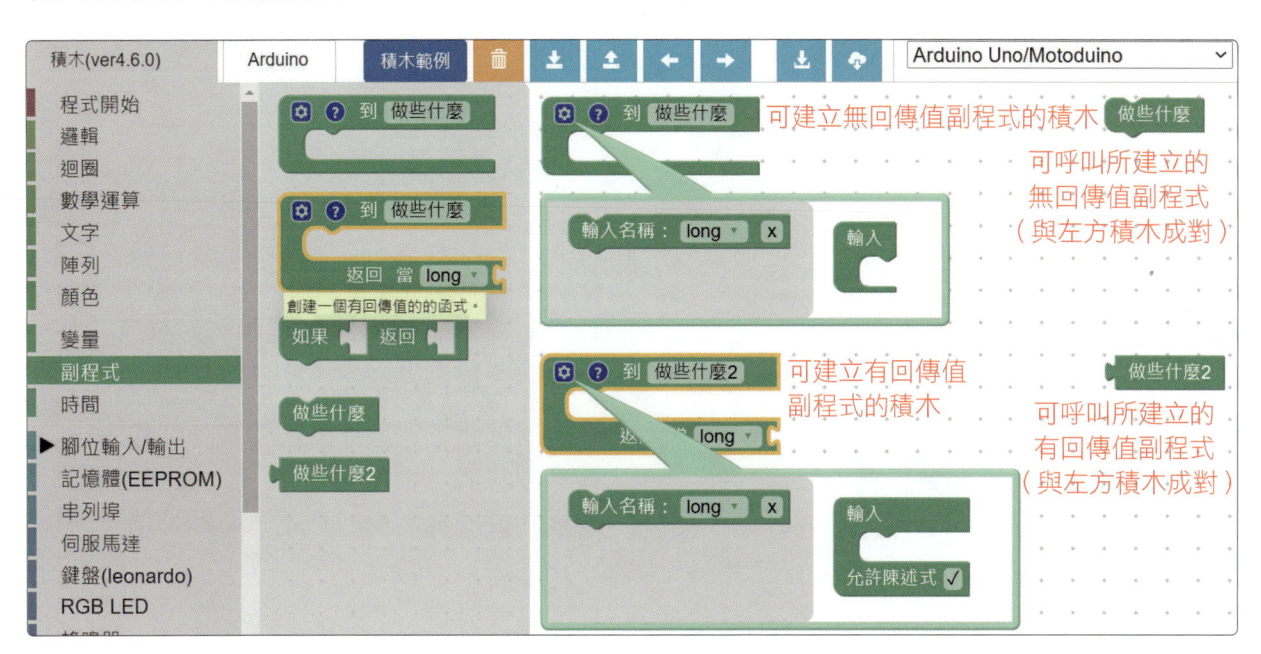

　　如上圖所示，motoBlockly 支援副程式的程式積木都被放置在「副程式」的群組中。其中建立新副程式的程式積木依執行結束後是否會有回傳值而被分為兩個不同的積木，因此與其搭配的副程式呼叫積木也不相同。所有積木的相關說明請參考下面的圖表。

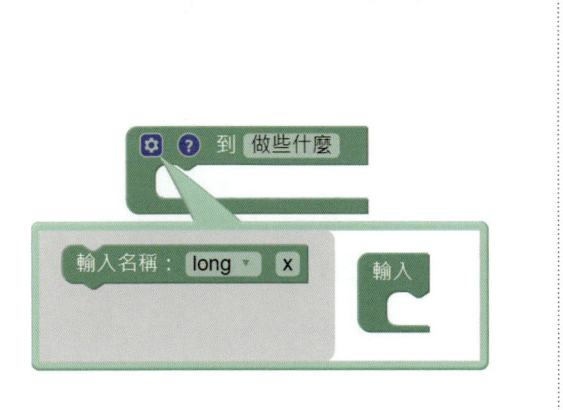

程式積木	功能說明

	設定副程式工作流程的積木（無回傳值）。
	《做些什麼》：設定副程式名稱以供其他函式日後呼叫。
	< 輸入名稱 >：設定呼叫副程式時的參數型態。
	<x>：參數名稱。
	// 對應程式碼：
	void 副程式名稱（參數 1，參數 2，…）
	{
	　　副程式欲執行的工作…；
	}

程式積木	功能說明

（積木圖：設定副程式「做些什麼2」，返回 當 long，輸入名稱：long x，允許陳述式）	設定副程式工作流程與回傳數值的積木。
	《做些什麼2》：設定副程式名稱以供其他函式日後呼叫。
	＜返回＞：副程式執行完回傳值型態。
	＜輸入名稱＞：設定呼叫副程式時的參數型態。
	＜X＞：參數名稱。
	// 對應程式碼：
	回傳值型態 副程式名稱（參數 1，…）
	{
	　　副程式欲執行的工作…；
	　　return ＜回傳值＞；
	}

（積木圖：做些什麼）	呼叫副程式工作的積木。 在「副程式」群組第一塊設定副程式工作流程後才會出現的積木。無回傳值。
（積木圖：做些什麼2）	呼叫副程式工作並取得回傳數值的積木。 在「副程式」群組第二塊設定有回傳值的副程式後才會出現的積木。有回傳值。

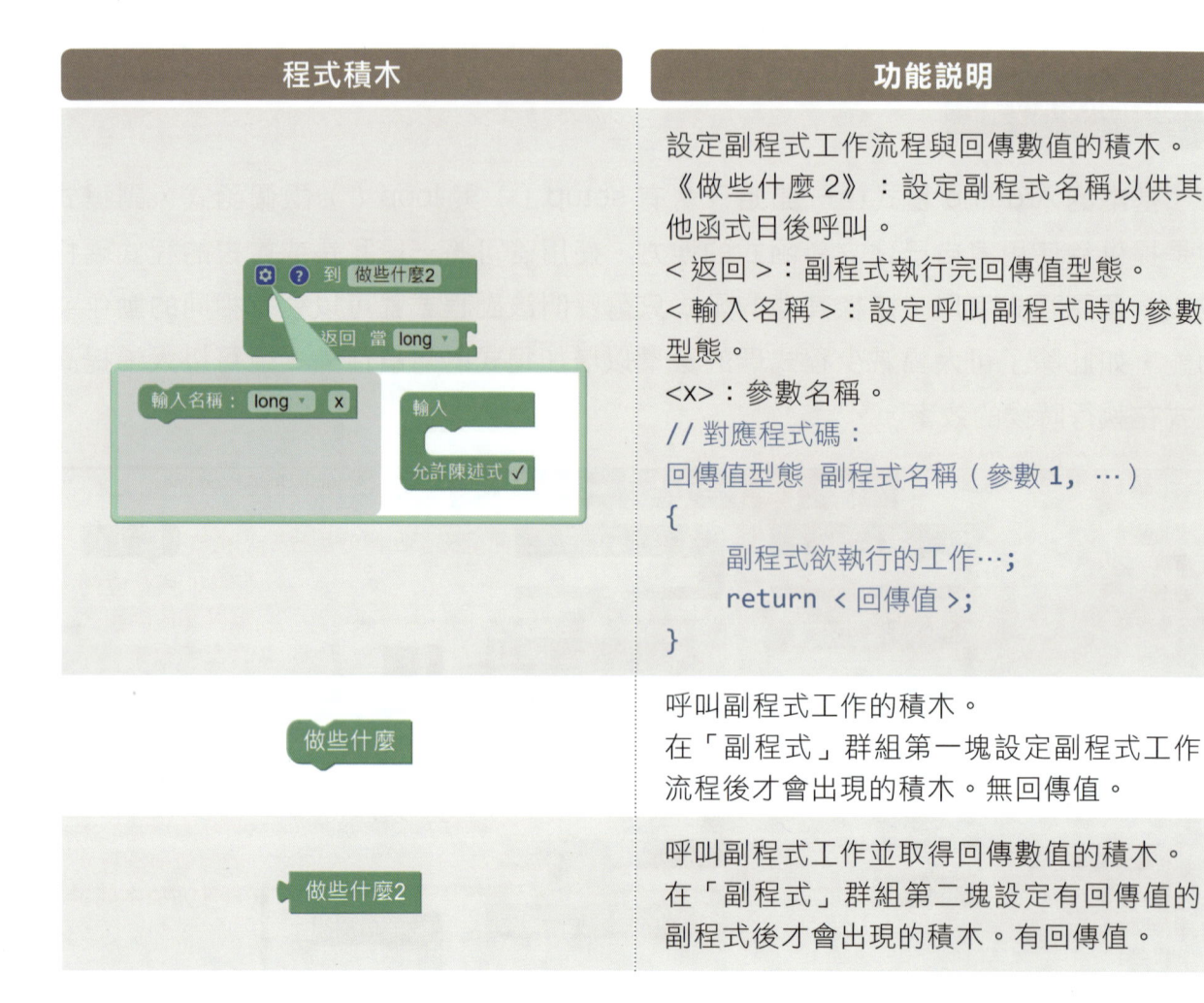

motoBlockly 完整程式碼

因為「兩隻老虎」中的旋律均會重複 2 次的關係，所以在副程式中會用一個『重複《2》次 / 執行』的程式積木來包覆每段旋律。在完成 2Tigers_Section1 與 2Tigers_Section2 兩個副程式後，程式便需在 loop（）函式中不斷檢查按鈕是否有被按下。一旦按鈕被按下，便可依序呼叫兩個副程式來播放「兩隻老虎」的完整旋律。

Arduino C 程式碼與功能相關說明

副程式

```
1  void my_2Tigers_Section1() {
2      //旋律為：兩隻老虎、兩隻老虎
3      for (int count = 0; count < 2; count++) {
4          tone(9,523,300);
5          delay(300);
6          tone(9,587,300);
7          delay(300);
8          tone(9,659,300);
9          delay(300);
10         tone(9,523,300);
11         delay(300);
12     }
13     //旋律為：跑得快、跑得快
14     for (int count2 = 0; count2 < 2; count2++) {
15         tone(9,659,300);
16         delay(300);
17         tone(9,698,300);
18         delay(300);
19         tone(9,784,400);
20         delay(400);
21         noTone(9);
22         delay(100);
23     }
24 }
```

```
26 void my_2Tigers_Section2() {
27     //旋律為：一隻沒有眼睛，一隻沒有尾巴
28     for (int count3 = 0; count3 < 2; count3++) {
29         tone(9,784,200);
30         delay(200);
31         tone(9,880,200);
32         delay(200);
33         tone(9,784,200);
34         delay(200);
35         tone(9,698,200);
36         delay(200);
37         tone(9,659,300);
38         delay(300);
39         tone(9,523,350);
40         delay(350);
41     }
42     //旋律為：真奇怪，真奇怪
43     for (int count4 = 0; count4 < 2; count4++) {
44         tone(9,523,300);
45         delay(300);
46         tone(9,392,300);
47         delay(300);
48         tone(9,523,500);
49         delay(500);
50         noTone(9);
51     }
52
```

主程式

```
54 void setup()
55 {
56     pinMode(2, INPUT);      //設定可讀取按鈕狀態的D2腳位為輸入模式
57     pinMode(9, OUTPUT);     //設定可控制蜂鳴器的D9腳位為輸出模式
58 }
59
60 void loop()
61 {
62     //當D2腳位的按鈕被按下(回傳值為HIGH)時，D9腳位的蜂鳴器便會發出兩隻老虎的旋律
63     if (digitalRead(2) == HIGH) {
64         my_2Tigers_Section1();   //副程式I，兩隻老虎旋律前半段
65         my_2Tigers_Section2();   //副程式II，兩隻老虎旋律後半段
66     }
67 }
```

範例 6 ｜ 按鈕、單色 LED 與蜂鳴器

10 分鐘

銀行防搶警報器。

在警匪電影中常可以看到，銀行會在行員所在位置附近配置緊急的防搶警報鈕。一旦有歹徒闖入想企圖不法，行員便可按下該按鈕讓銀行鈴聲大作，藉此讓包含警衛人員在內的所有人員可以同時知道目前發生的狀況。本範例將綜合使用按鈕、單色 LED 與蜂鳴器，模擬做出上述功能的防搶警報按鈕。但由於 mBlock 並不支援可以指定聲音頻率的程式積木，所以本例只會以 motoBlockly 及 Arduino C 程式碼來完成。

操作流程

1. 不斷偵測 Sensor Board 上 D2 腳位的按鈕是否有被按下。
2. 當按鈕（D2）被按下時，D10 腳位的紅色 LED 開始閃爍；D9 腳位的蜂鳴器則開始發出警報器（警車）的聲音。
3. 回到步驟 1 繼續偵測。

motoBlockly 篇

本例中警報器（警車）的聲音會先以間隔 1 毫秒（1 ms）的時間急促地將聲音頻率自 250 上揚至 1800，再以同樣的速度將聲音頻率自 1800 下降至 250，透過此規則反覆執行，便可讓蜂鳴器模擬出警報器（警車）的聲音。由於蜂鳴器的聲音需要隨著迴圈的次數改變，因此本例也會使用到位於「迴圈」群組中的 `循環計數 i 從 1 到 10 每次增加 1 執行` 積木。

積木程式

- 設定
- 迴圈
  - 如果 數位讀出腳位 2 = 高 ← 當 D2 腳位的按鈕被按下時
  - 執行
    - 重複 10 次
    - 執行
      - 設定數位腳位 10 為 高 ← 點亮 D10 腳位的紅色 LED
      - 循環計數 i 從 250 到 1800 每次增加 10 ← 聲音頻率自 250 以每次加 10 的方式上揚至 1800
      - 執行
        - 蜂鳴器 9 聲音頻率 i 延遲週期 10
        - 延遲毫秒 1
      - 設定數位腳位 10 為 低 ← 關閉 D10 腳位的紅色 LED
      - 循環計數 i 從 1800 到 250 每次增加 -10 ← 聲音頻率自 1800 以每次減 10 的方式下降至 250
      - 執行
        - 蜂鳴器 9 聲音頻率 i 延遲週期 10
        - 延遲毫秒 1

Arduino C 程式碼與功能相關說明

```
1  void setup()
2  {
3      pinMode(2, INPUT);        //設定可讀取按鈕狀態的D2腳位為輸入模式
4      pinMode(10, OUTPUT);      //設定可控制單色LED紅燈的D10腳位為輸出模式
5      pinMode(9, OUTPUT);       //設定可控制蜂鳴器的D9腳位為輸出模式
6  }
7  
8  void loop()
9  {
10     if (digitalRead(2) == HIGH) {    //當D2腳位的按鈕被按下(回傳值為HIGH)時...
11       for (int count = 0; count < 10; count++) {    //重複執行10次
12         digitalWrite(10,HIGH);       //點亮D10腳位的紅色LED
13         for (int i = 250; i <= 1800; i=i+10) {    //聲音頻率自250以每次加10的方式上揚至1800
14           tone(9,i,10);
15           delay(1);
16         }
17         digitalWrite(10,LOW);        //關閉D10腳位的紅色LED
18         for (int i = 1800; i >= 250; i=i-10) {    //聲音頻率自1800以每次減10的方式下降至250
19           tone(9,i,10);
20           delay(1);
21         }
22       }
23     }
24  }
```

實作題

1 LED 跑馬燈

請設計一個程式，讓三顆 LED 燈以間隔 0.5 秒的時間依綠、黃、紅、綠、黃、紅的順序反覆地輪流點亮，且同一時間只能有一顆燈點亮。

創客指標

外形	機構	電控	程式	通訊	AI	創客總數
0	0	2	3	0	0	5

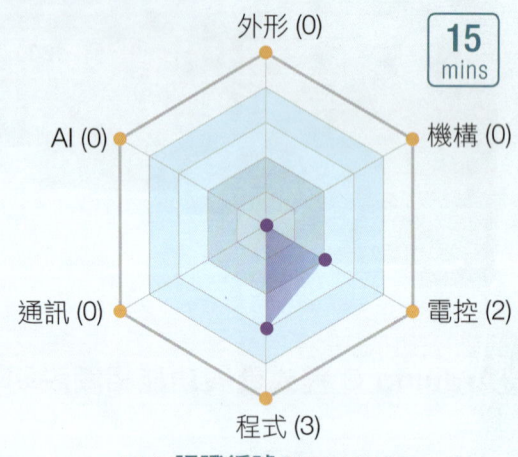

15 mins

MLC 認證編號：A012001

2 聖誕鐘聲

請設計一個程式，在按下 Sensor Board 上的按鈕後，蜂鳴器便開始演奏「聖誕鐘聲（Jingle Bell）」的音樂。

創客指標

外形	機構	電控	程式	通訊	AI	創客總數
0	0	2	3	0	0	5

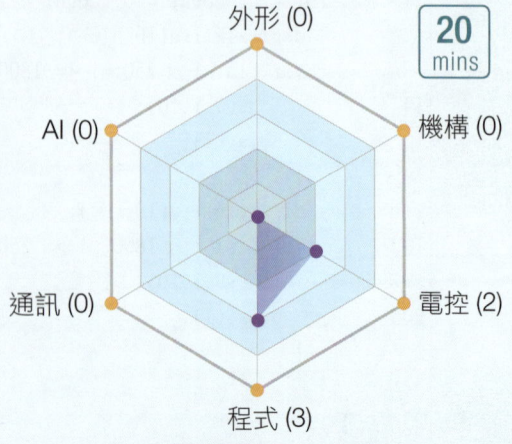

20 mins

MLC 認證編號：A012002

第 3 課
Sensor Board 基礎應用 II

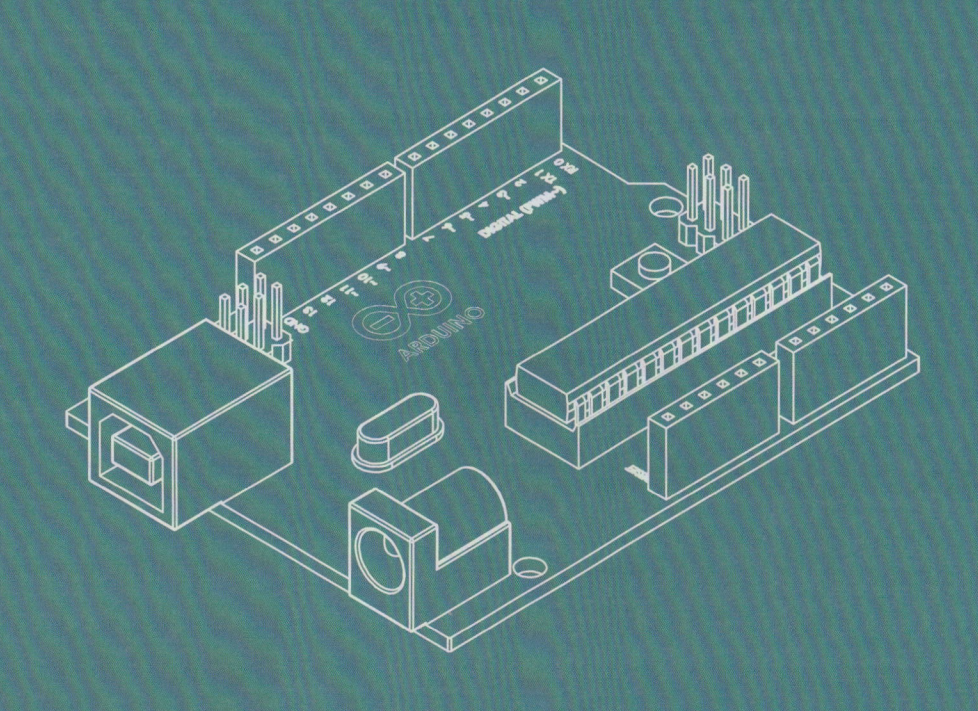

Sensor Board 上還有許多內建的感測元件，可以幫助我們學習智慧生活中常見的 Arduino 基礎應用。藉由 motoBlockly 及 mBlock 直覺式的程式積木堆疊操作，即使不懂複雜的程式設計，也能輕鬆學會這些應用於生活中的電子控制，趕快跟著練習範例一起動手做做看吧！

另有提供 mBlock 範例程式檔

3-1 滑桿可變電阻與 RGB LED

在上一章的「Sensor Board 基礎應用 I」中，透過各種不同的範例練習，讓讀者可以熟悉 S4A Sensor Board V3 上所配置的單色 LED、按鈕以及蜂鳴器等元件裝置。而為了讓大家能更快認識 Arduino 其他的輸出入元件以供運用，這次將一口氣介紹 Sensor Board 上兩個不同的元件，分別是位在 Sensor Board 右下角的滑桿可變電阻，以及位在 Sensor Board 左上方的三原色 LED（RGB LED）。

滑桿可變電阻簡介

和先前介紹過的元件一樣，我們要先了解 Sensor Board 上滑桿可變電阻的基本硬體資訊，才能正確地利用 Arduino 程式來操控它。

首先滑桿可變電阻與 Sensor Board 上 D2 腳位的按鈕一樣，是屬於會回傳量測數據給 Arduino 開發板的「輸入裝置」。只不過它與按鈕只能回傳「沒被按」或「有被按」兩種狀態的數位二分法不同，滑桿可變電阻會依滑桿位置所產生的不同電阻值，回傳給 Arduino 從 0 到 1023，共 1024 種的數值變化，因此滑桿可變電阻是屬於類比輸入（Analog IN）的裝置，由此可推斷此類比輸入元件勢必會被連接到 Arduino 的類比腳位，而此擴充板上的滑桿可變電阻的確也是被配置到 Arduino 的類比腳位 A0 這邊。

RGB LED 簡介

　　如右圖所示，「光」的三原色是由紅、綠、藍三種顏色所組成，而 R（Red-紅）G（Green-綠）B（Blue-藍）LED 便是利用此理論將這三種不同顏色的 LED 整合在同一顆元件上的發光裝置。Arduino 可藉由個別設定紅、綠、藍 LED 不同的發光強度來讓 RGB LED 能夠調配顯示出不同的顏色（例如紅＋綠＝黃），且因其可設定的發光強度範圍為 0～255（0 代表熄滅，數字越大則越亮，255 為最亮），因此 RGB LED 是屬於 Arduino 的「類比輸出（Analog OUT）」裝置。

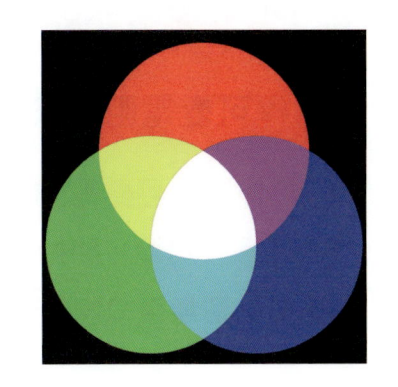

　　另外，因為在一顆 RGB LED 上得設定三種不同顏色的 LED 亮度，才能讓它顯示出想要的顏色，所以這「一顆」RGB LED 上一共會連接到「三個」不同的腳位，而這些腳位又必須能夠支援類比訊號的輸出。因此 RGB LED 的綠、紅及藍燈，便分別連接至 Arduino 的 D5、D6 以及 D10 這三個能夠支援 PWM 類比輸出的數位腳位上，如此 Arduino 程式才有辦法分別設定不同的亮度來調配出不同的顏色。

　　最後在使用 RGB LED 前還需要注意的是：由於 S4A Sensor Board 上的 RGB LED 和三個單色 LED 共用 D5、D6 以及 D10 這三組數位腳位，因此在開始練習之前，請記得先將 Sensor Board 上的指撥開關調整至如左下圖的位置，如此 RGB LED 才能在接下來的練習中正常地運作。

RGB LED
（輸出 0～255）
D5 －綠燈
D6 －紅燈
D10－藍燈

A：RGB LED
B：單色 LED

RGB LED
D5_A(綠)
D6_A(紅)
D10_A(藍)

單色 LED
D5_B(綠)
D6_B(黃)
D10_B(紅)

開關

範例 1 ｜ 滑桿可變電阻與單色 LED

20 分鐘

以滑桿可變電阻切換三個單色 LED。

根據滑桿可變電阻目前所在位置所產生的對應電阻值，決定點亮 Sensor Board 的哪顆單色 LED。**開始此練習前，請務必將單色 LED 的指撥開關（D5_B、D6_B、D10_B）切換至 ON 的位置。**

操作流程

1. 偵測目前滑桿可變電阻（A0）所回傳的電阻值，利用其所回傳的數值（0～1023），當成是 Sensor Board 上三顆單色 LED 的切換開關。
2. 當滑桿可變電阻（A0）回傳數值小於 300 時（滑桿可變電阻偏左側），點亮三顆單色 LED 最左側的紅色 LED（D10 腳位），並關閉綠、黃兩顆 LED。
3. 當滑桿可變電阻（A0）回傳數值大於等於 300 且小於 600 時（滑桿可變電阻在中間位置），點亮三顆單色 LED 中間的黃色 LED（D6 腳位），並關閉綠、紅兩顆 LED。
4. 當滑桿可變電阻（A0）回傳數值大於等於 600 時（滑桿可變電阻偏右側），點亮三顆單色 LED 最右側的綠色 LED（D5 腳位），並關閉黃、紅兩顆 LED。
5. 反覆讀取滑桿可變電阻（A0）的數值，並依其回傳數值決定執行 2～4 步驟。

motoBlockly 篇

由於這是第一次使用類比輸入（滑桿可變電阻）與輸出（單色 LED）的元件模組，所以在練習開始之前先來熟悉一下 motoBlockly 中與其對應的程式積木，這些程式積木放置在如下圖的「腳位輸入／輸出」積木群組的「類比」選項裡面。

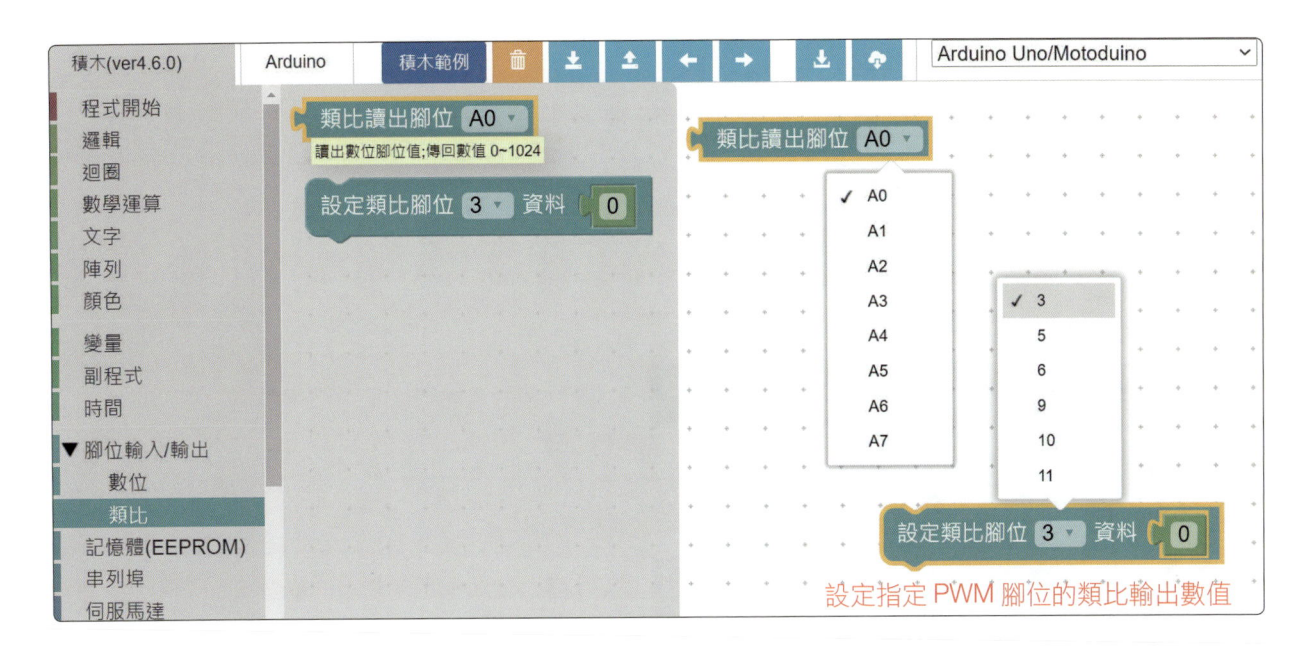

而與類比輸出入相關的程式積木使用說明則如下表所示。其中 motoBlockly 在 Arduino 型號 UNO 中可設定的類比輸出腳位除了 RGB LED 的 D5、D6 及 D10 外，還有同樣可支援 PWM 類比輸出技術的 D3、D9 及 D11 三個數位腳位。

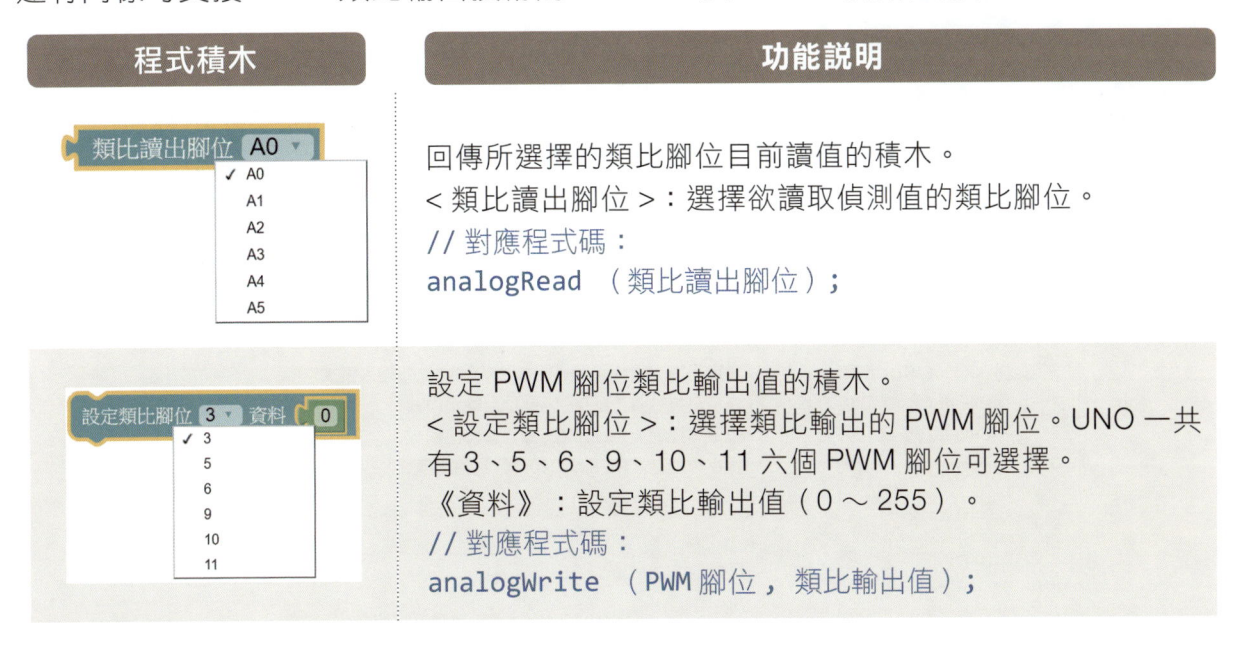

程式積木	功能說明
類比讀出腳位 A0	回傳所選擇的類比腳位目前讀值的積木。 <類比讀出腳位>：選擇欲讀取偵測值的類比腳位。 // 對應程式碼： analogRead（類比讀出腳位）；
設定類比腳位 3 資料 0	設定 PWM 腳位類比輸出值的積木。 <設定類比腳位>：選擇類比輸出的 PWM 腳位。UNO 一共有 3、5、6、9、10、11 六個 PWM 腳位可選擇。 《資料》：設定類比輸出值（0～255）。 // 對應程式碼： analogWrite（PWM 腳位，類比輸出值）；

看完 motoBlockly 中與滑桿可變電阻相關程式積木的說明之後，接下來就可以將滑桿可變電阻當成多段式的開關來使用，藉此來切換三顆單色 LED，並同時熟悉這些程式積木的用法。

motoBlockly 完整程式碼

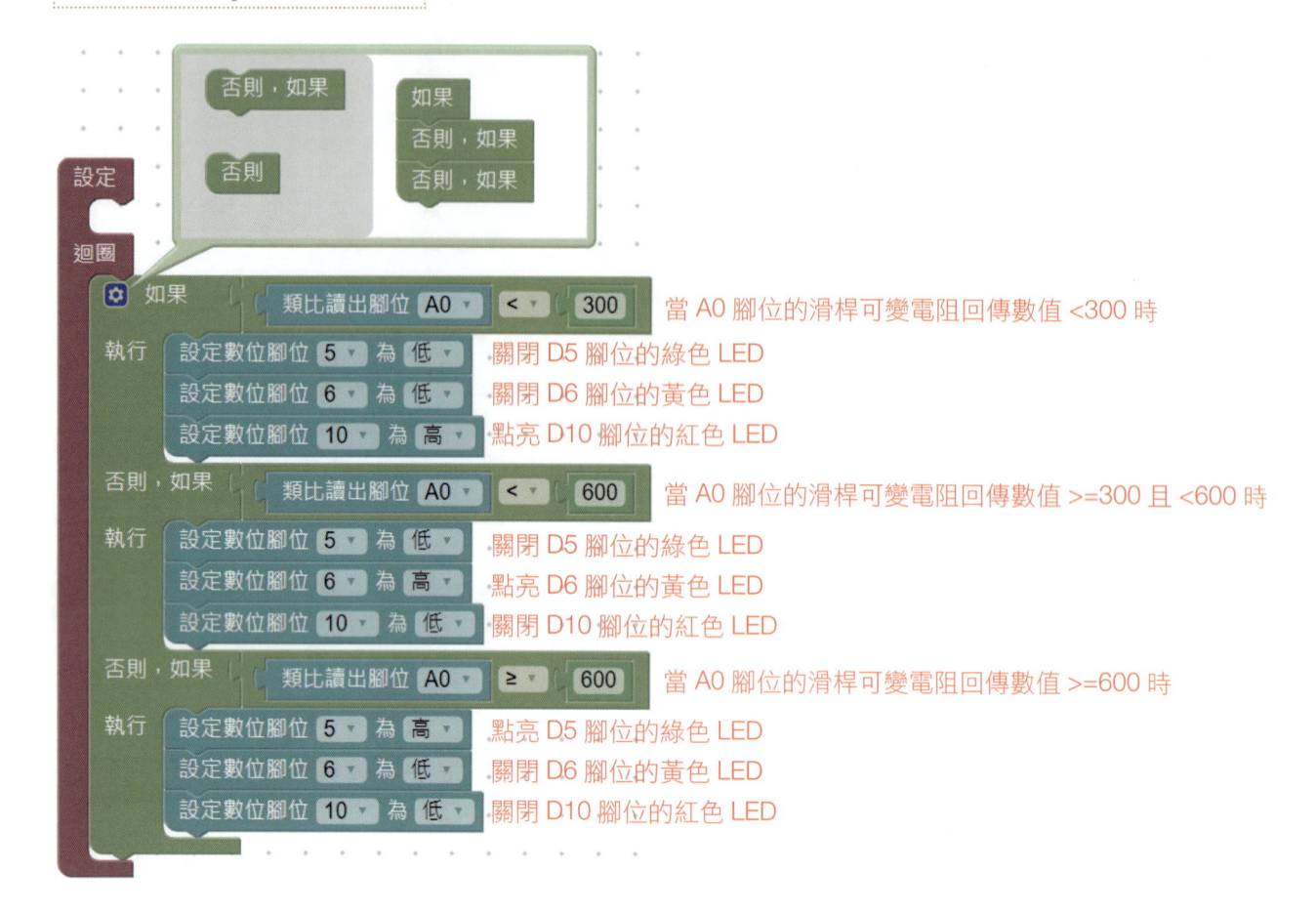

當 A0 腳位的滑桿可變電阻回傳數值 <300 時
- 關閉 D5 腳位的綠色 LED
- 關閉 D6 腳位的黃色 LED
- 點亮 D10 腳位的紅色 LED

當 A0 腳位的滑桿可變電阻回傳數值 >=300 且 <600 時
- 關閉 D5 腳位的綠色 LED
- 點亮 D6 腳位的黃色 LED
- 關閉 D10 腳位的紅色 LED

當 A0 腳位的滑桿可變電阻回傳數值 >=600 時
- 點亮 D5 腳位的綠色 LED
- 關閉 D6 腳位的黃色 LED
- 關閉 D10 腳位的紅色 LED

Arduino C 程式碼與功能相關說明

```
1  void setup()
2  {
3      pinMode(A0, INPUT);        //設定可讀取滑桿可變電阻數值的A0腳位為輸入模式
4      pinMode(5, OUTPUT);        //設定可控制綠色LED的D5腳位為輸出模式
5      pinMode(6, OUTPUT);        //設定可控制黃色LED的D6腳位為輸出模式
6      pinMode(10, OUTPUT);       //設定可控制紅色LED的D10腳位為輸出模式
7  }
8
9  void loop()
10 {
11     if (analogRead(A0) < 300) {        //當A0腳位的滑桿可變電阻回傳數值<300時...
12         digitalWrite(5,LOW);           //關閉D5腳位的綠色LED
13         digitalWrite(6,LOW);           //關閉D6腳位的黃色LED
14         digitalWrite(10,HIGH);         //點亮D10腳位的紅色LED
15     } else if (analogRead(A0) < 600) { //當A0腳位的滑桿可變電阻回傳數值>=300且<600時...
16         digitalWrite(5,LOW);           //關閉D5腳位的綠色LED
17         digitalWrite(6,HIGH);          //點亮D6腳位的黃色LED
18         digitalWrite(10,LOW);          //關閉D10腳位的紅色LED
19     } else if (analogRead(A0) >= 600) {//當A0腳位的滑桿可變電阻回傳數值>=600時...
20         digitalWrite(5,HIGH);          //點亮D5腳位的綠色LED
21         digitalWrite(6,LOW);           //關閉D6腳位的黃色LED
22         digitalWrite(10,LOW);          //關閉D10腳位的紅色LED
23     }
24 }
```

範例 2 ｜ 按鈕與 RGB LED

20 分鐘

用按鈕切換 RGB LED 的燈號。

接下來要使用剛學到的 RGB LED 控制積木與 Sensor Board 上的按鈕（D2）配合，做出一個可以利用按鈕來切換 RGB LED 燈光的暖身練習。開始練習前，請務必將 RGB LED 的指撥開關（D5_A、D6_A、D10_A）切換至 ON 的位置。

操作流程

1. 當按鈕（D2）被按下第一次時，RGB LED 關閉所有光源，只點亮綠燈（D5）。
2. 當按鈕（D2）被按下第二次時，RGB LED 關閉所有光源，只點亮紅燈（D6）。
3. 當按鈕（D2）被按下第三次時，RGB LED 關閉所有光源，只點亮藍燈（D10）。
4. 當按鈕（D2）被按下第四次時，RGB LED 關閉所有光源。
5. 按鈕（D2）以被按 4 次為一個週期，RGB LED 會依綠紅藍全關的順序一直反覆執行步驟 1～4。

motoBlockly 篇

由於此次練習中需要一個變數來記錄目前按鈕被按下的次數，再依此變數來決定 RGB LED 接下來要顯示的顏色，因此我們需要用到位在 motoBlockly「變量」積木群組中的一些與變數相關的程式積木，其樣式與使用說明如下。

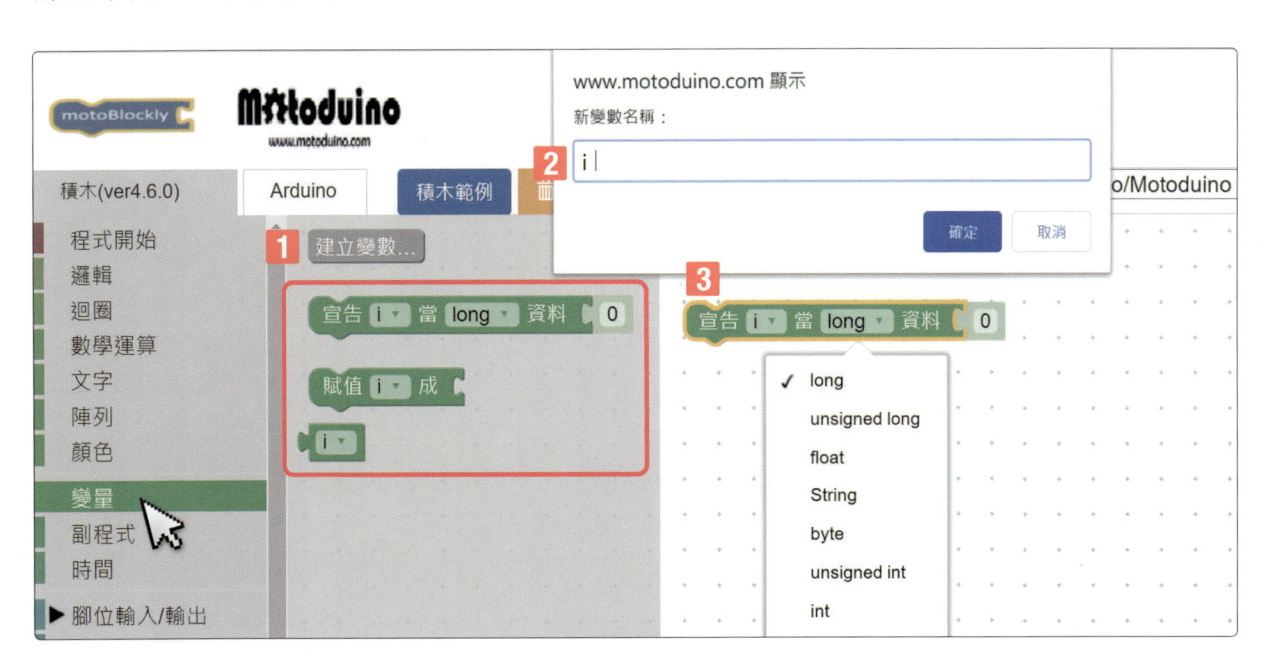

1️⃣ 選擇「變量」群組，並點選『建立變數』按鈕。

2️⃣ 設定在步驟 1️⃣ 中所建立的變數名稱。（變數建立成功後才會出現上圖紅框中的積木）

3️⃣ 宣告變數的型態及初始值。

程式積木	功能說明
宣告 i 當 long 資料 　　　　　✓ long 　　　　　　float 　　　　　　String 　　　　　　byte 　　　　　　unsigned int 　　　　　　int 　　　　　　char	宣告變數名稱、型態與初始值的積木。 宣告變數名稱與型態後才會對應產生的積木。 ＜宣告＞：設定變數名稱。 ＜當＞：設定變數型態。 《資料》：設定變數的初始值。 // 對應程式： 變數型態 變數名稱 = 初始值； Ex1. int nVariableSample=10; Ex2. float fVariableSample=10.0;

賦值 nVariableSample 到
　　✓ nVariableSample
　　　更新變數名稱...
　　　新變量...
	設定數值給指定變數的積木。
	宣告變數名稱與型態後才會對應產生的積木。
	＜賦值＞：選擇欲設定數值的變數名稱。
	《到》：設定新數值到變數中。
	// 對應程式：
	變數名稱 = 新數值；

nVariableSample	回傳指定名稱變數目前所設定數值或字串的積木。 在宣告變數名稱與型態後才會出現的積木。可選擇之前有宣告過的變數來使用。

motoBlockly 完整程式碼

因為此練習的 LED 有綠、紅、藍及全暗 4 種狀況，所以需宣告一個變數來記錄目前顯示的顏色。

當 D2 腳位的按鈕被按下時

RGB LED 以 4 種狀況在做週期循環，所以變數會被限制在 0～3 之間。

等待 0.3 秒，讓使用者有時間鬆開按鈕

當進入按鈕週期的第一次，點亮 RGB LED 的綠燈（D5）。

當進入按鈕週期的第二次，點亮 RGB LED 的紅燈（D6）。

當進入按鈕週期的第三次，點亮 RGB LED 的藍燈（D10）。

Arduino C 程式碼與功能相關說明

```c
1  //因為本範例的RGB LED有綠、紅、藍及全暗4種狀態，所以需宣告一個變數來記錄目前要顯示的顏色
2  int  nCurrentColor;
3  void setup()
4  {
5      pinMode(2, INPUT);     //設定可讀取按鈕狀態的D2腳位為輸入模式
6      pinMode(5, OUTPUT);    //設定可控制RGB LED綠色LED的D5腳位為輸出模式
7      pinMode(6, OUTPUT);    //設定可控制RGB LED紅色LED的D6腳位為輸出模式
8      pinMode(10, OUTPUT);   //設定可控制RGB LED藍色LED的D10腳位為輸出模式
9      nCurrentColor = 0;
10 }
11
12 void loop()
13 {
14     if (digitalRead(2) == HIGH) {    //當D2腳位的按鈕被按下時…
15         if (nCurrentColor < 3) {     //RGB LED以4種狀態做週期循環，所以宣告的變數需被限制在0~3之間
16             nCurrentColor = nCurrentColor + 1;
17         } else {
18             nCurrentColor = 0;
19         }
20         analogWrite(5,0);
21         analogWrite(6,0);
22         analogWrite(10,0);
23         delay(300);                  //等待0.3秒，讓使用者有時間鬆開按鈕
24     }
25     if (nCurrentColor == 1) {        //進入按鈕週期的第一次，點亮RGB LED的綠燈(D5)
26         analogWrite(5,255);
27     } else if (nCurrentColor == 2) { //進入按鈕週期的第二次，點亮RGB LED的紅燈(D6)
28         analogWrite(6,255);
29     } else if (nCurrentColor == 3) { //進入按鈕週期的第三次，點亮RGB LED的藍燈(D10)
30         analogWrite(10,255);
31     }
32 }
```

範例 3 ｜ 滑桿可變電阻、按鈕與 RGB LED

30 分鐘

光學調色盤。

在了解 Sensor Board 上滑桿可變電阻和 RGB LED 的運作原理及操作方法之後，此範例就將這些元件搭配起來做一個以不同顏色光源來模擬調色的練習。這是一個綜合之前所學過的 Sensor Board 按鈕（D2）、滑桿可變電阻（A0）及 RGB LED（D5、D6、D10）等數種輸出入元件的練習，藉由此練習除了可以訓練自己的程式邏輯外，還可以順便驗收一下之前所學的成果。

操作流程

1. 程式開始執行時，RGB LED 只有 D5 腳位的綠燈被點亮，此時使用者可用 A0 腳位的滑桿可變電阻調整 RGB LED 綠燈的亮度。
2. 第一次按下按鈕（D2）後，RGB LED 的綠燈（D5）維持在步驟 1 最後調整的亮度，並點亮 RGB LED 中 D6 腳位的紅燈，此時使用者可用滑桿可變電阻（A0）調整 RGB LED 紅燈的亮度，藉此與步驟 1 所調整的綠色 LED 做顏色的混合。
3. 第二次按下按鈕（D2）後，RGB LED 的綠燈（D5）與紅燈（D6）維持在步驟 1、2 最後調整的亮度，並點亮 RGB LED 中 D10 腳位的藍燈，此時使用者可用滑桿可變電阻（A0）調整 RGB LED 藍燈的亮度與步驟 1、2 所調整的綠、紅兩個 LED 做顏色的混合。
4. 第三次按下按鈕（D2）後，RGB LED 的紅燈（D6）與藍燈（D10）維持在步驟 2、3 最後調整的亮度，並點亮 RGB LED 中 D5 腳位的綠燈，此時使用者可用滑桿可變電阻（A0）調整 RGB LED 綠燈的亮度與步驟 2、3 所調整的紅、藍兩個 LED 做顏色的混合。
5. 以此類推，若重複按下按鈕，程式會一直在步驟 2～4 之間循環，按鈕以三次為一個週期，讓使用者可以透過滑桿可變電阻（A0）輪流調整綠（D5）、紅（D6）、藍（D10）LED 的亮度大小，藉此調整出自己想要的顏色。

motoBlockly 篇

　　此練習還需要用到一些數學運算，因為 Sensor Board 上滑桿可變電阻（A0）的回傳數值範圍為 0 ～ 1023，而 Arduino 開發板的 PWM 類比輸出數值範圍為 0 ～ 255，所以 A0 回傳值要先經過換算才能得到正確對應的類比輸出值。兩者間以 **"A0：1023 ＝ PWM 類比輸出對應值：255"** 的關係存在，因此兩者間的換算公式為 **PWM 類比輸出對應值 ＝ A0 x 255 / 1023**。

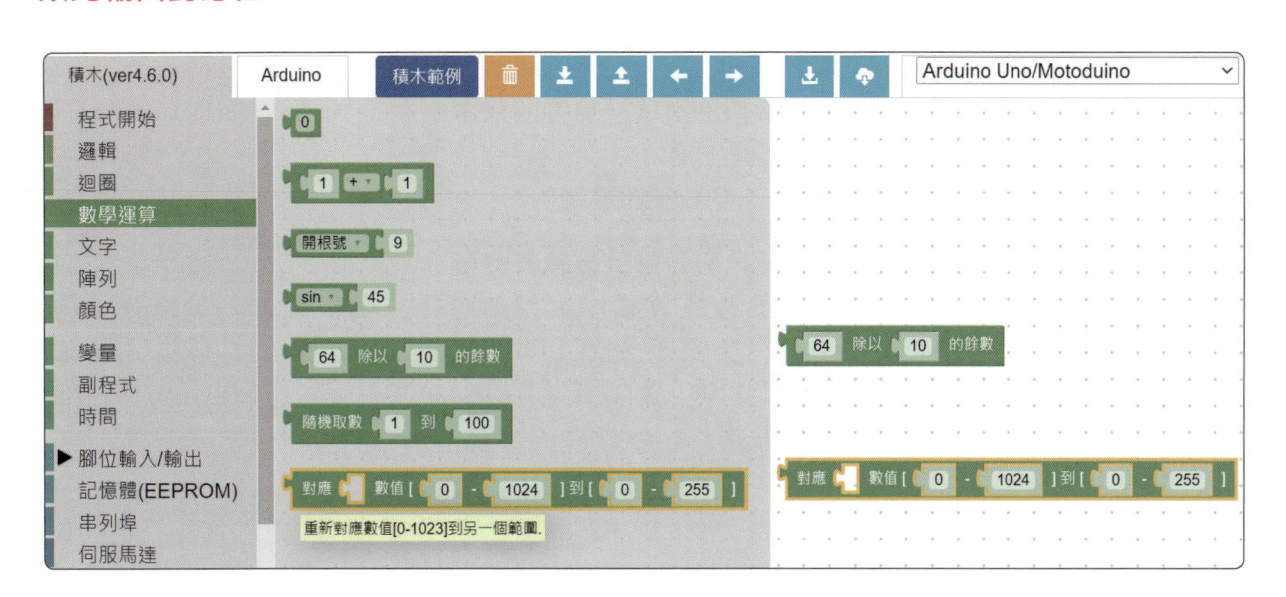

　　不過如上圖所示，motoBlockly 本身在「數學運算」積木群組中就有一個提供數值自動對應的 [對應 數值 0 - 1024 到 0 - 255] 程式積木，使用該程式積木可以不必自己動手做任何數學的換算，就可以直接將滑桿可變電阻的 A0 值換算成正確的類比輸出對應值。另外其他各式「數學運算」相關積木的介紹與使用方式如下。

程式積木	功能說明
[對應 數值 0 - 1024 到 0 - 255]	可回傳對應數值的積木。 《對應》：設定欲映射值或欲對應的腳位。 《數值 [0-1024]》：設定欲映射值的最小值與最大值範圍。 《到 [0-255]》：設定對應值的最小值與最大值範圍。 // 對應程式碼： map（欲映射數值， 欲映射值最小值， 欲映射值最大值， 對應最小值， 對應最大值）；

程式積木	功能說明
(積木圖：+ 下拉選單 +, -, ×, ÷, ^)	可回傳數學運算後數值的積木。 數學運算積木，目前有加（＋）、減（－）、乘（×）、除（÷）、次方（^）五種運算型態可選擇。 // 對應程式碼： 《左邊數字》+《右邊數字》 《左邊數字》-《右邊數字》 《左邊數字》*《右邊數字》 《左邊數字》/《右邊數字》 Math.pow（《左邊數字》,《右邊數字》）
(積木圖：開根號 9)	回傳數值開根號計算後的積木。 // 對應程式碼： sqrt（《填入數值》）
(積木圖：sin 下拉選單 sin, cos, tan, asin, acos, atan)	回傳三角函數計算後數值的積木。 三角函數運算積木，目前有正弦函數（sin）、餘弦函數（cos）、正切函數（tan）、反正弦函數（asin）、反餘弦函數（acos）和反正切函數（atan）等六種三角函數運算型態可選擇。 // 對應程式碼： SIN（《角度》） COS（《角度》） TAN（《角度》） ASIN（《角度》） ACOS（《角度》） ATAN（《角度》）
(積木圖：64 除以 10 的餘數)	回傳餘數計算後的積木。 《64》：設定餘數計算的被除數。 《10》：設定餘數計算的除數。 // 對應程式碼： 《被除數》%《除數》
(積木圖：取隨機整數介於(低) 0 到 100)	可回傳在設定範圍內隨機取值的積木。 從輸入的最小到最大值中隨機（最小值～最大值）取值回傳。 《（低）》：設定隨機取值的最小邊界值。 《到》：設定隨機取值的最大邊界值。 // 對應程式碼： randomSeed（analogRead（3））; random（最小邊界值，最大邊界值）;

motoBlockly 完整程式碼

因為本範例的 RGB LED 有綠、紅、藍 3 種狀態，所以需宣告一個變數來記錄目前要顯示的顏色。

當 D2 腳位的按鈕被按下時…

按鈕每被按下一次，變數 i 就加 1

等待 0.5 秒，讓使用者有時間鬆開按鈕

當宣告的變數 i 除以 3 後的餘數為 0，即第一次進入按鈕週期時…

用可變電阻（A0）來調整綠燈（D5）亮度

當宣告的變數 i 除以 3 後的餘數為 1，即第二次進入按鈕週期時…

用可變電阻（A0）來調整紅燈（D6）亮度

當宣告的變數 i 除以 3 後的餘數為 2，即第三次進入按鈕週期時…

用可變電阻（A0）調整藍燈（D10）亮度

Arduino C 程式碼與功能相關說明

```
1  //因為本範例的RGB LED有綠、紅、藍3種狀態，所以需宣告一個變數來記錄目前要顯示的顏色
2  int  i;
3  void setup()
4  {
5      pinMode(5, OUTPUT);    //設定可控制RGB LED綠色LED的D5腳位為輸出模式
6      pinMode(6, OUTPUT);    //設定可控制RGB LED紅色LED的D6腳位為輸出模式
7      pinMode(10, OUTPUT);   //設定可控制RGB LED藍色LED的D10腳位為輸出模式
8      pinMode(2, INPUT);     //設定可讀取按鈕狀態的D2腳位為輸入模式
9      pinMode(A0, INPUT);    //設定可讀取滑桿可變電阻數值的A0腳位為輸入模式
10     i = 0;
11     analogWrite(5,0);      //設定RGB LED的D5腳位-綠色LED亮度為0，即關閉綠色LED
12     analogWrite(6,0);      //設定RGB LED的D6腳位-紅色LED亮度為0，即關閉紅色LED
13     analogWrite(10,0);     //設定RGB LED的D10腳位-藍色LED亮度為0，即關閉藍色LED
14  }
15
16  void loop()
17  {
18     if (digitalRead(2) == HIGH) {   //當D2腳位的按鈕被按下時...
19         i = i + 1;                  //按鈕每被按下一次，變數i就加1
20         delay(500);                 //等待0.5秒，讓使用者有時間鬆開按鈕
21     }
22     if (i % 3 == 0) {               //當宣告的變數i除以3後的餘數為0，即第一次進入按鈕週期時...
23         analogWrite(5,(map(analogRead(A0),0,1023,0,255)));   //可用A0腳位的滑桿可變電阻來調整RGB LED的綠燈(D5)亮度
24     } else if (i % 3 == 1) {        //當宣告的變數i除以3後的餘數為1，即第二次進入按鈕週期時...
25         analogWrite(6,(map(analogRead(A0),0,1023,0,255)));   //可用A0腳位的滑桿可變電阻來調整RGB LED的紅燈(D6)亮度
26     } else if (i % 3 == 2) {        //當宣告的變數i除以3後的餘數為2，即第三次進入按鈕週期時...
27         analogWrite(10,(map(analogRead(A0),0,1023,0,255)));  //可用A0腳位的滑桿可變電阻來調整RGB LED的藍燈(D10)亮度
28     }
29  }
```

3-2 光感測器與聲音感測器

光感測器（CDS）（A1/ 輸入）

聲音感測器（MIC）（A2/ 輸入）

在完成前面的練習之後，讀者應該都已學會至少 5 個位在 Sensor Board 上的輸出入元件（分別是：單色 LED、按鈕、蜂鳴器、滑桿可變電阻和 RGB LED）。不過若能了解更多的 Arduino 外接元件的功能與操作方式，對於日後自己發想新的點子或應用會更有幫助。因此接下來就馬上把最後兩個 Sensor Board 上的輸入元件：光感測器（光敏電阻）和聲音感測器（麥克風）介紹給大家。

光感測器

如上圖所示，光感測器與聲音感測器均被配置在 Sensor Board 的右側位置。光感測器顧名思義就是利用光敏電阻的特性來量測環境光源的強弱，再將這些量測到的亮度感測值回傳給 Arduino 開發板。由於其可感測的亮度數值範圍為 0 ～ 1023，因此可以推斷光感測器是屬於 Arduino 的「類比輸入」裝置，而它在 Sensor Board 上的接腳的確是被連接至 Arduino 的 A1 類比腳位處（其連接腳位被標示在該元件的右上方）。

聲音感測器

聲音感測器則是可以協助 Arduino 測量環境的音量大小（但不能拿來判斷聲音的內容），一樣也是會把範圍在 0 ～ 1023 間的聲音感測值回傳給 Arduino 開發板，所以聲音感測器也是同屬於 Arduino「類比輸入」裝置的一種。在 Sensor Board 上的線路則是會被連接至 Arduino 開發板的類比腳位 A2 處（連接腳位標示在聲音感測器的右上方）。

上述兩個感測器若是以人體器官來比喻的話：光感測器（A1）會比較類似可以感受到光線強弱的眼睛，而聲音感測器（A2）則像是可以感應聲音大小的耳朵。如同眼睛跟耳朵會將訊息傳回大腦，兩者感應到的結果最終也都會回傳到 Arduino 開發板這邊，這樣 Arduino 開發板（大腦）就可以根據接收到的資訊來決定該有什麼樣的應對動作。

　　與按鈕、滑桿可變電阻不同，光感測器與聲音感測器是屬於「非接觸式」的感應元件。而所謂的「非接觸式」感應元件是指即使不去直接碰觸，該元件也能接收不同的數值訊息，而這兩種感測器的確也只要透過光線跟聲音，就可以隔空將其作為一個動作的開關來使用。為了讓大家能夠更容易理解何謂非接觸的感測開關，接下來馬上就用幾個範例來實際體驗一下。

光感測器的應用：Arduino 可以根據天色明暗來自動開關路燈

範例 4 ｜ 光感測器與聲音感測器

10 分鐘

即時顯示光與聲音感測數值。

　　因為光感測器與聲音感測器均屬於非接觸式的感應元件，所以在使用時會受到環境很大的影響。因此在開始使用兩種感測器之前，得先量測並記錄目前現場的光源及音量大小，而所記錄的數據也會在之後的範例練習中使用。另外，這兩種感測器所使用的類比腳位讀取積木，與讀取滑桿可變電阻數值所使用的程式積木相同。

操作流程

1. 設定串列埠傳輸率並開啟之。
2. 從串列埠監控視窗中秀出目前 Sensor Board 上光感測器（A1）讀取到的數值，秀出後「不換行」。
3. 從串列埠監控視窗中秀出目前 Sensor Board 上聲音感測器（A2）讀取到的數值，秀出後「要換行」。
4. 休息 0.1 秒後，反覆執行步驟 2～3。

　　這是我們第一次使用串列埠的練習，而串列埠的其中一個功能就是可讓使用者在程式的執行過程中，顯示指定訊息來進行除錯。另外，由於串列埠的訊息是顯示在電腦的螢幕上，因此在程式上傳至 Arduino 開發板後，Arduino 仍需繼續以 USB 線和電腦相連，才能在 Arduino IDE 的「序列埠監控視窗」中看到從串列埠傳送出來的訊息。如下圖所示，開啟 IDE 的「序列埠監控視窗」步驟如下：

1. 開啟 Arduino IDE 後，選擇『開發板』型號（請選擇 Arduino/Genuino UNO）。
2. 選擇 Arduino 開發板對應的『序列埠』。
3. 開啟『序列埠監控視窗』。

motoBlockly 篇

如下圖所示，motoBlockly 中與序列埠相關的程式積木均被放置在「串列埠」的積木群組裡面。

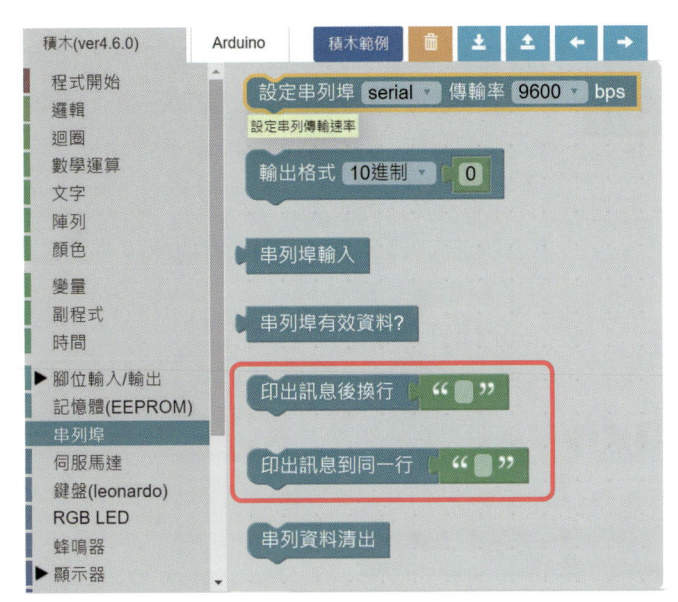

程式積木	功能說明
設定串列埠 Serial 傳輸率 9600 bps	設定串列埠傳輸率的積木。 < 串列埠 >：設定串列埠型態。 < 傳輸率 >：設定串列埠的傳輸率（bps）。目前有 9600、19200、38400、57600 及 115200 五種傳輸率可選擇。 // 對應程式碼： `Serial.begin`（傳輸率）；
輸出格式 10進制 0	設定串列埠數字輸出格式的積木。 < 輸出格式 >：設定串列埠監控視窗顯示數字時的格式。目前有 10、16、2、8…等四種進制可供選擇。 《數字參數》：欲從串列埠監控視窗顯示的數字。 // 對應程式碼： `Serial.println`（數字 , 輸出格式）；
串列埠輸入	從串列埠讀取資料的積木。 // 對應程式碼： `Serial.read`（）；

串列埠有效資料？	檢查串列埠緩衝區是否仍有資料的積木。
	// 對應程式碼：
	`Serial.available();`

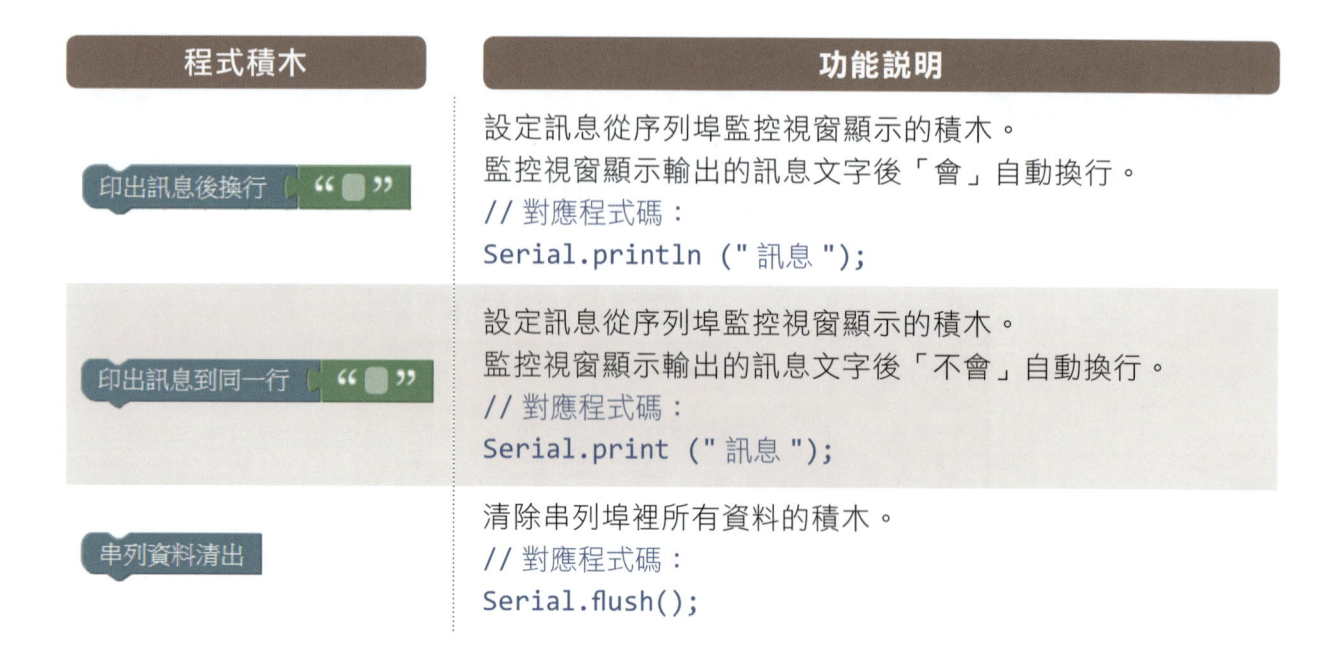

程式積木	功能說明
印出訊息後換行 " "	設定訊息從序列埠監控視窗顯示的積木。 監控視窗顯示輸出的訊息文字後「會」自動換行。 // 對應程式碼： Serial.println (" 訊息 ");
印出訊息到同一行 " "	設定訊息從序列埠監控視窗顯示的積木。 監控視窗顯示輸出的訊息文字後「不會」自動換行。 // 對應程式碼： Serial.print (" 訊息 ");

串列資料清出	清除串列埠裡所有資料的積木。
	// 對應程式碼：
	Serial.flush();

motoBlockly 完整程式碼

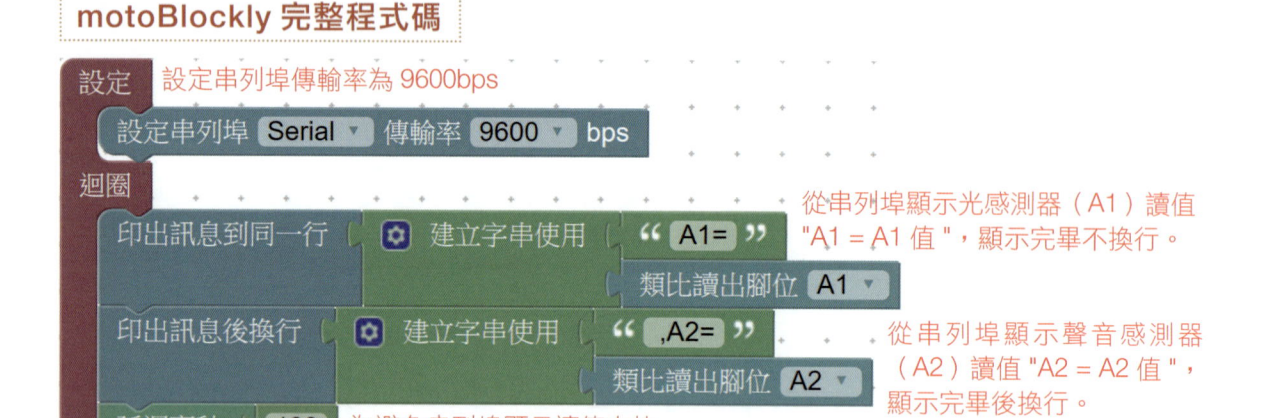

設定　設定串列埠傳輸率為 9600bps
　　　設定串列埠 Serial 傳輸率 9600 bps
迴圈
　　印出訊息到同一行　建立字串使用　"A1="　　　　從串列埠顯示光感測器（A1）讀值
　　　　　　　　　　　　　　　　　類比讀出腳位 A1　"A1 = A1 值 "，顯示完畢不換行。
　　印出訊息後換行　建立字串使用　",A2="　　　　從串列埠顯示聲音感測器
　　　　　　　　　　　　　　　　　類比讀出腳位 A2　（A2）讀值 "A2 = A2 值 "，
　　　　　　　　　　　　　　　　　　　　　　　　顯示完畢後換行。
　　延遲毫秒 100　為避免串列埠顯示讀值太快，
　　　　　　　　　這邊加入延遲時間 100 毫秒

　　程式完成上傳後，可以試著用手慢慢去遮住 Sensor Board 上的光感測器（A1）看看，應該可以發現當光感測器感應到的光源越暗，Arduino IDE 的序列埠監控視窗顯示的 A1 數值就會越小；反之若感應光線越亮，則 A1 顯示的數值就越大。而聲音感測器也可以經由測試後發現：當靠近麥克風（A2）的聲音越大聲，序列埠監控視窗顯示的 A2 數值就越大；反之若聲音越小，A2 顯示的數值也會跟著一起變小。由下圖序列埠監控視窗所顯示的數值可知，光感測器與聲音感測器的感測值與亮度、音量成正比。

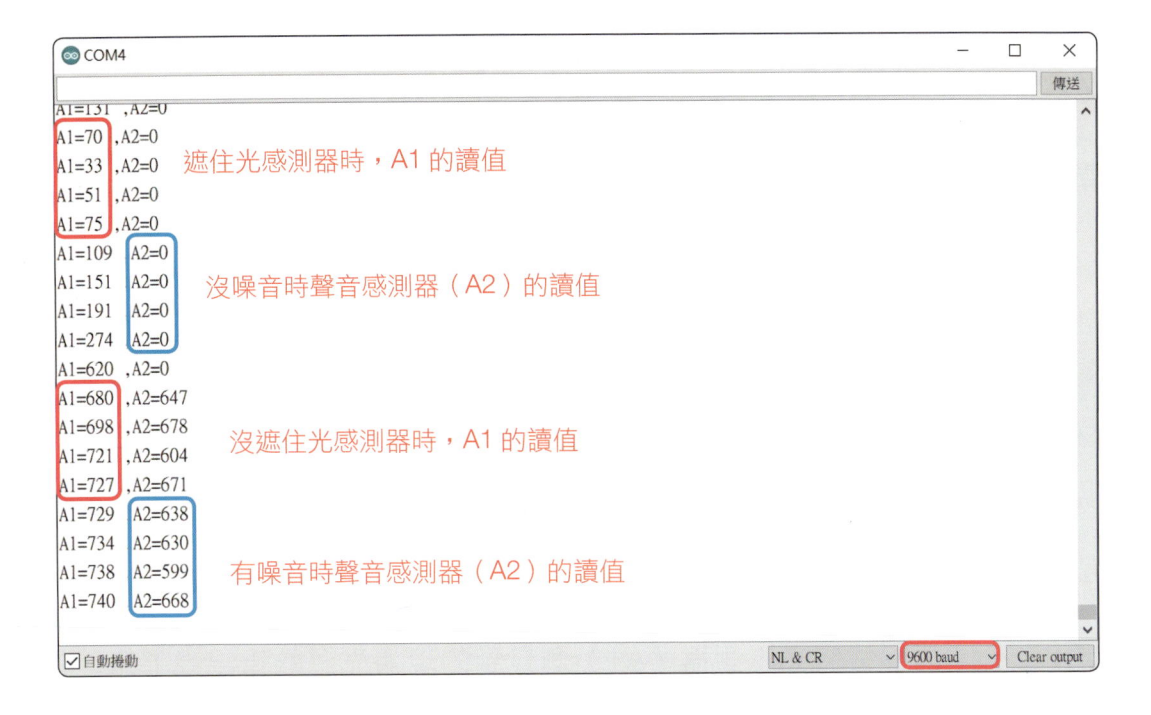

```
COM4                                                          傳送
A1=131 ,A2=0
A1=70  ,A2=0
A1=33  ,A2=0    遮住光感測器時，A1 的讀值
A1=51  ,A2=0
A1=75  ,A2=0
A1=109 ,A2=0
A1=151 ,A2=0    沒噪音時聲音感測器（A2）的讀值
A1=191 ,A2=0
A1=274 ,A2=0
A1=620 ,A2=0
A1=680 ,A2=647
A1=698 ,A2=678  沒遮住光感測器時，A1 的讀值
A1=721 ,A2=604
A1=727 ,A2=671
A1=729 ,A2=638
A1=734 ,A2=630  有噪音時聲音感測器（A2）的讀值
A1=738 ,A2=599
A1=740 ,A2=668

☑自動捲動                         NL & CR    9600 baud   Clear output
```

　　如上圖所示，序列埠監控視窗右下角的鮑率（Baud Rate）需和程式中所設定的串列埠傳輸率相同（本範例將兩者數值均設定為 9600）。倘若兩邊的數值不一，IDE 的序列埠監控視窗可能會無法看到訊息或只能看到亂碼，使用時請務必多加留意。

　　另外值得留意的是，Sensor Board 上的光和聲音感測器雖然和滑桿可變電阻（A0）同屬於類比輸入元件，但不管我們對光感測器（A1）照射多強的光源、對聲音感測器（A2）發出多大的聲音，Arduino IDE 的序列埠監控視窗顯示的 A1 與 A2 兩個數值始終無法達到最大的 1023 感測值（光感測器可量測範圍約在 0～9xx 多，聲音感測器則約在 0～6xx 多）。這是由於硬體線路造成的限制使然，但此限制並不會造成使用這兩顆感應元件來做一些感測應用的障礙，只要能掌握這兩顆感測器使用的方法及原理，還是可以做出許多的應用。

Arduino C 程式碼與功能相關說明

```
 1 void setup()
 2 {
 3     Serial.begin(9600);       //設定串列埠的傳輸速率為9600 bps
 4     pinMode(A1, INPUT);       //設定可讀取光感測器數值的A1腳位為輸入模式
 5     pinMode(A2, INPUT);       //設定可讀取聲音感測器數值的A2腳位為輸入模式
 6 }
 7
 8 void loop()
 9 {
10     //在序列埠監控視窗顯示A1腳位的光感測器讀值"A1=A1讀值"，顯示完畢後不換行
11     Serial.print((String("A1=") + String(analogRead(A1))));
12     //在序列埠監控視窗顯示A2腳位的聲音感測器讀值" ,A2=A2讀值"，顯示完畢後換行
13     Serial.println((String(" ,A2=") + String(analogRead(A2))));
14     delay(100);    //每0.1秒顯示一筆A1與A2數值，以避免串列埠顯示數值太快
15 }
```

範例 5 | 光感測器與 RGB LED

15 分鐘

自動開關小夜燈。

在能源逐漸匱乏的現代，如何節約能源已成為一門顯學。利用一顆便宜的光感測器，就能讓路燈能夠自己根據天色的亮暗來開關電源，除了簡單就能達到環保省電的效果外，同時又可兼顧用路人權益。除了路燈外，一些家用的小夜燈也是利用相同的原理來做為開關的判斷依據，因此在接下來的範例中，將會利用 Sensor Board 上的光感測器（A1）搭配 RGB LED 來做出可以根據房間亮度來自動開關的小夜燈裝置。

操作流程

1. 先使用範例 4 的程式將光感測器（A1）測量到的現場光源數值記錄下來。但因為光感測器比較靈敏，所以測量到的數值可能會不停變動，取一個大概的數值即可。
2. 以步驟 1 所測量的數值再減 100 作為判斷開關 RGB LED 的基準值（本例取得的環境光源基準值約為 400，請讀者依自己所在環境測量到的數值為準）。
3. 當光感測器（A1）測量到的環境光源高於基準值時（光線足夠），關閉 RGB LED。
4. 當光感測器（A1）測量到的環境光源低於或等於基準值時（光線不足），開啟 RGB LED。
5. 反覆執行步驟 3～4。

motoBlockly 篇

在 motoBlockly 中控制 RGB LED，除了可以個別設定綠紅藍的類比腳位（D5、D6、D10）數值外，motoBlockly 也在「RGB LED」群組中提供了一個可以直接設定 RGB LED 顏色的積木，本範例將使用該積木來示範。該程式積木說明如下。

程式積木	功能說明

 (彩色RGB LED 積木圖：紅色(Red)腳位 6、綠色(Green)腳位 5、藍色(Blue)腳位 10、設定顏色)	設定 RGB LED 顯示顏色的積木。
	＜紅色腳位＞：設定紅色 LED 連接的腳位。
	＜綠色腳位＞：設定綠色 LED 連接的腳位。
	＜藍色腳位＞：設定藍色 LED 連接的腳位。
	《設定顏色》：選擇欲顯示的顏色。
	// 對應程式碼：
	`int LightRGBLED ( int r_pin, int g_pin, int b_pin, String rgb )`
	`{`
	`    char *str = ( char *) rgb.c_str ( ) +1;`
	`    int r, g, b;`
	`    sscanf ( str, "%02x%02x%02x", &r, &g, &b );`
	`    analogWrite ( r_pin, r );`
	`    analogWrite ( g_pin, g );`
	`    analogWrite ( b_pin, b );`
	`}`

motoBlockly 完整程式碼

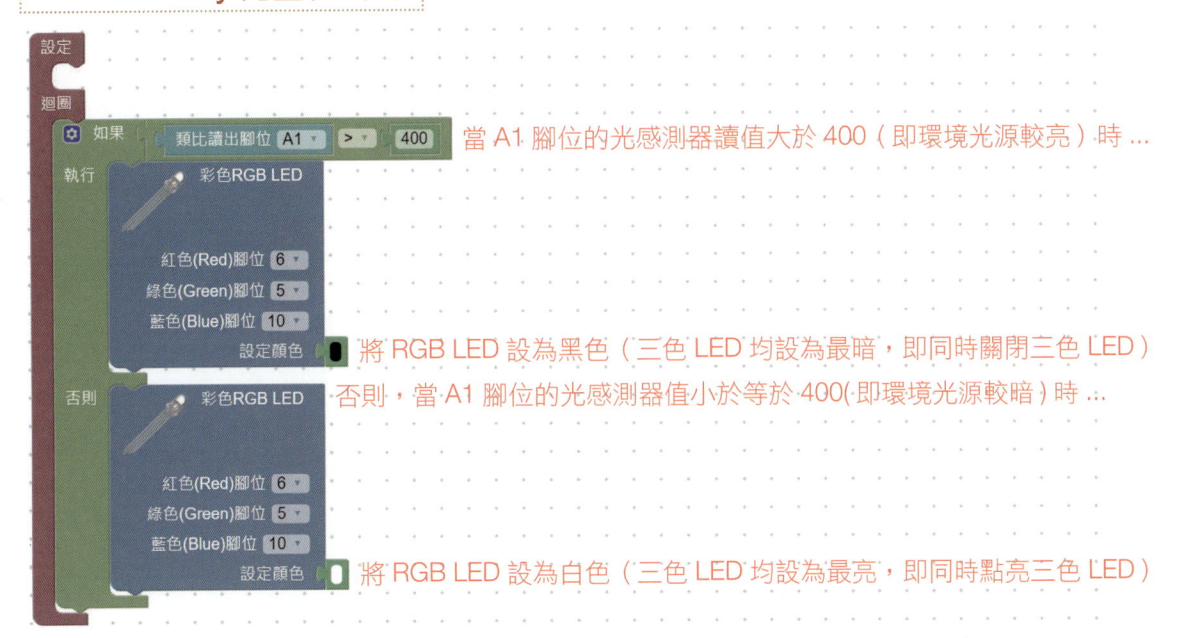

（程式積木圖示）

當 A1 腳位的光感測器讀值大於 400（即環境光源較亮）時 …

將 RGB LED 設為黑色（三色 LED 均設為最暗，即同時關閉三色 LED）

否則，當 A1 腳位的光感測器值小於等於 400（即環境光源較暗）時 …

將 RGB LED 設為白色（三色 LED 均設為最亮，即同時點亮三色 LED）

其實大自然天色的變化不會突然由亮變暗，通常都是漸進式的慢慢產生變化，因此在迴圈裡的『如果…否則…』程式積木後面，其實可以再加上一塊『延遲毫秒《60000》』的程式積木，以每分鐘的頻率檢查一次便已足夠。不過由於我們是用手遮光感測器（A1）來模擬天色的變化，為了可以即時地看到 RGB LED 的變化，因此在上面的範例程式中就沒有加上『延遲毫秒《60000》』的積木了。

Arduino C 程式碼與功能相關說明

```c
1  //使用motoBlockly的RGB LED設定積木時所產生的副程式程式碼
2  int LightRGBLED(int r_pin, int g_pin, int b_pin, String rgb)
3  {
4      char *str = (char *)rgb.c_str()+1;
5      int r, g, b;
6      //將rgb這個字串參數分割成三色LED的設定亮度(16進制)
7      //前兩個字串為紅色LED的亮度,接下來的兩個字串為綠色LED的亮度,最後兩個字串為藍色LED的亮度
8      sscanf(str, "%02x%02x%02x", &r, &g, &b);
9      analogWrite(r_pin, r);   //設定RGB LED的D6腳位-紅色LED亮度
10     analogWrite(g_pin, g);   //設定RGB LED的D5腳位-綠色LED亮度
11     analogWrite(b_pin, b);   //設定RGB LED的D10腳位-藍色LED亮度
12 }
13
14 void setup()
15 {
16     pinMode(A1, INPUT);      //設定可讀取光感應器數值的A1腳位為輸入模式
17     pinMode(6, OUTPUT);      //設定可控制RGB LED紅色LED的D6腳位為輸出模式
18     pinMode(5, OUTPUT);      //設定可控制RGB LED綠色LED的D5腳位為輸出模式
19     pinMode(10, OUTPUT);     //設定可控制RGB LED藍色LED的D10腳位為輸出模式
20 }
21
22 void loop()
23 {
24     if (analogRead(A1) > 400) {        //當A1腳位的光感應器讀值大於400(即環境光源較亮)時...
25         LightRGBLED(6,5,10,"#000000"); //呼叫副程式將RGB LED設為黑色(即三色LED均設為最暗,00為16進制的0)
26     } else {                           //當A1腳位的光感應器讀值小於等於400(即環境光源較暗)時...
27         LightRGBLED(6,5,10,"#ffffff"); //呼叫副程式將RGB LED設為白色(即三色LED均設為最亮,ff為16進制的255)
28     }
29 }
```

範例 6 ｜ 聲音感測器與 RGB LED

15 分鐘

聲控 LED。

以前有句廣告台詞說過：「科技始終來自於人性」，人類的惰性一直是推動科技進步的一大動力，因此接下來的範例將要利用 S4A Sensor Board 和 Arduino 程式軟體，自製一個可以透過拍手的方式來開關電燈的練習範例。此範例雖然非常有科技感，但說穿了其實只是聲音感測器加上 RGB LED 的一個小應用罷了。

操作流程

1. 用範例 4 的程式來記錄用聲音感測器（A2）測量到的拍手音量大小。由於每次測量到的音量值可能會有所不同，所以取一個大概的數值即可。
2. 以步驟 1 所測量的數值再減 50 或 100 作為判斷開關燈的基準值。範例程式中的音量基準值設為 450，讀者可依自己測量到的數據來做設定。
3. 當聲音感測器（A2）第一次偵測音量高於基準值時（第一次拍手），開啟 RGB LED（本例將 D5、D6、D9 亮度設定為 100）。
4. 當聲音感測器（A2）第二次偵測音量高於基準值時（第二次拍手），關閉 RGB LED（將 D5、D6、D9 亮度均設定為 0）。
5. 拍手以 2 次為一個週期，RGB LED 會依開關開關…的順序一直反覆執行步驟 3～4。

motoBlockly 篇

motoBlockly 完整程式碼

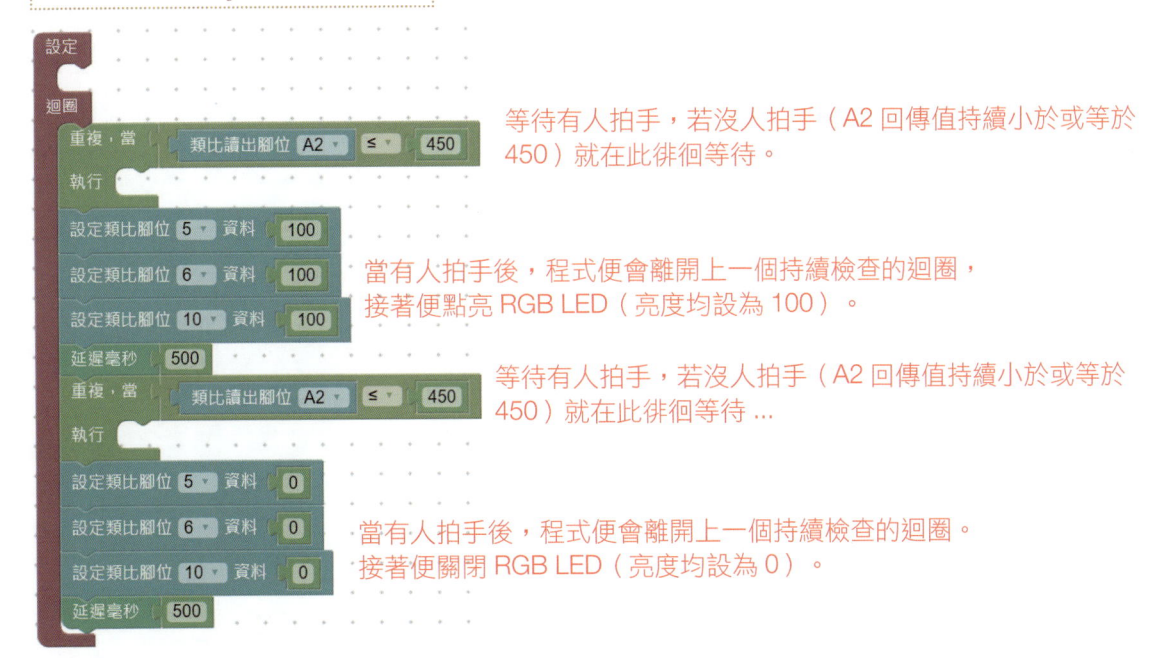

等待有人拍手，若沒人拍手（A2 回傳值持續小於或等於 450）就在此徘徊等待。

當有人拍手後，程式便會離開上一個持續檢查的迴圈，接著便點亮 RGB LED（亮度均設為 100）。

等待有人拍手，若沒人拍手（A2 回傳值持續小於或等於 450）就在此徘徊等待…

當有人拍手後，程式便會離開上一個持續檢查的迴圈。接著便關閉 RGB LED（亮度均設為 0）。

由於在一般的狀態下，Sensor Board 上的聲音感測器（A2）會回傳低於 450 的數值（代表尚未拍手），因此迴圈函式 loop（）中使用的第一個『重複 當 / 執行』積木會讓程式在第一次拍手前，一直在這個積木中打轉。直到第一次拍手（即 A2 回傳值大於 450）時，程式才會跳離這個『重複 當 / 執行』積木往下一個積木運行（即點亮 RGB LED）。而 loop（） 函式中第二個『重複 當 / 執行』積木也一樣有等待拍手的功能，程式會等到第二次拍手後才會跳離第二個迴圈來關閉 RGB LED。

程式完成上傳後請試著對 Sensor Board 上的聲音感測器（A2）拍手看看，如果程式沒有寫錯的話，就可看到 RGB LED 會對您的掌聲做出對應的燈光開關動作。

Arduino C 程式碼與功能相關說明

```
1  void setup()
2  {
3      pinMode(A2, INPUT);      //設定可讀取聲音感測器數值的A2腳位為輸入模式
4      pinMode(5, OUTPUT);      //設定可控制RGB LED綠色LED的D5腳位為輸出模式
5      pinMode(6, OUTPUT);      //設定可控制RGB LED紅色LED的D6腳位為輸出模式
6      pinMode(10, OUTPUT);     //設定可控制RGB LED藍色LED的D10腳位為輸出模式
7  }
8
9  void loop()
10 {
11     //使用迴圈持續偵測是否有人拍手,若沒人拍手(A2回傳值小於等於450),則程式會一直無作為地在此打轉
12     //一旦有人拍手(A2回傳值大於450),則此迴圈的判斷式便不會成立,程式便會跳離此迴圈開始執行第15行程式碼
13     while ((analogRead(A2) <= 450)) {
14     }
15     analogWrite(5,100);      //點亮D5腳位的綠色LED(亮度設為100)
16     analogWrite(6,100);      //點亮D6腳位的紅色LED(亮度設為100)
17     analogWrite(10,100);     //點亮D10腳位的藍色LED(亮度設為100)
18     delay(500);
19
20     //使用迴圈持續偵測是否有人拍手,若沒人拍手(A2回傳值小於等於450),則程式一直無作為地在此打轉
21     //一旦有人拍手(A2回傳值大於450),則此迴圈的判斷式便不會成立,程式便會跳離此迴圈開始執行第24行程式碼
22     while ((analogRead(A2) <= 450)) {
23     }
24     analogWrite(5,0);        //關閉D5腳位的綠色LED(亮度設為0)
25     analogWrite(6,0);        //關閉D6腳位的紅色LED(亮度設為0)
26     analogWrite(10,0);       //關閉D10腳位的藍色LED(亮度設為0)
27     delay(500);
28 }
```

實作題

1 Arduino 小提琴

請設計一個程式，以滑桿可變電阻模擬小提琴彈奏的方式，藉由滑桿可變電阻的滑動來讓蜂鳴器發出不同音階的聲音。

創客指標

外形	機構	電控	程式	通訊	AI	創客總數
0	0	2	3	0	0	5

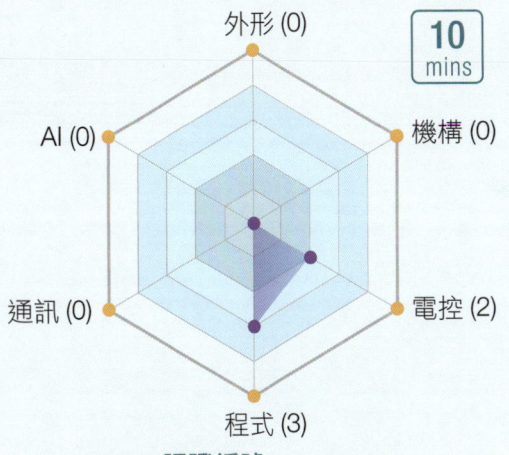

10 mins

MLC 認證編號：A012003

2 呼吸燈

請設計一個程式，讓 Sensor Board 上的 RGB LED 亮度慢慢地由暗轉亮，直到 RGB LED 最亮時再慢慢由亮轉暗，並反覆執行之。

創客指標

外形	機構	電控	程式	通訊	AI	創客總數
0	0	2	3	0	0	5

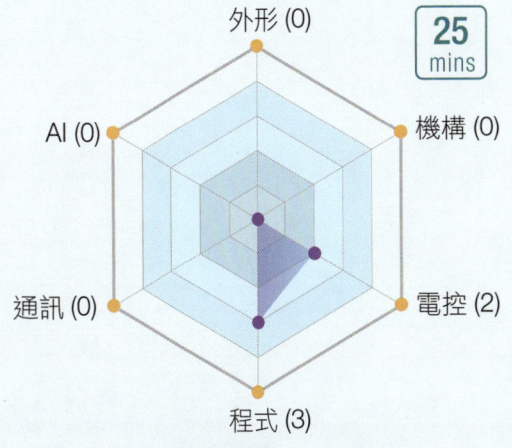

25 mins

MLC 認證編號：A012004

第 4 章
Arduino 外接元件應用介紹 I

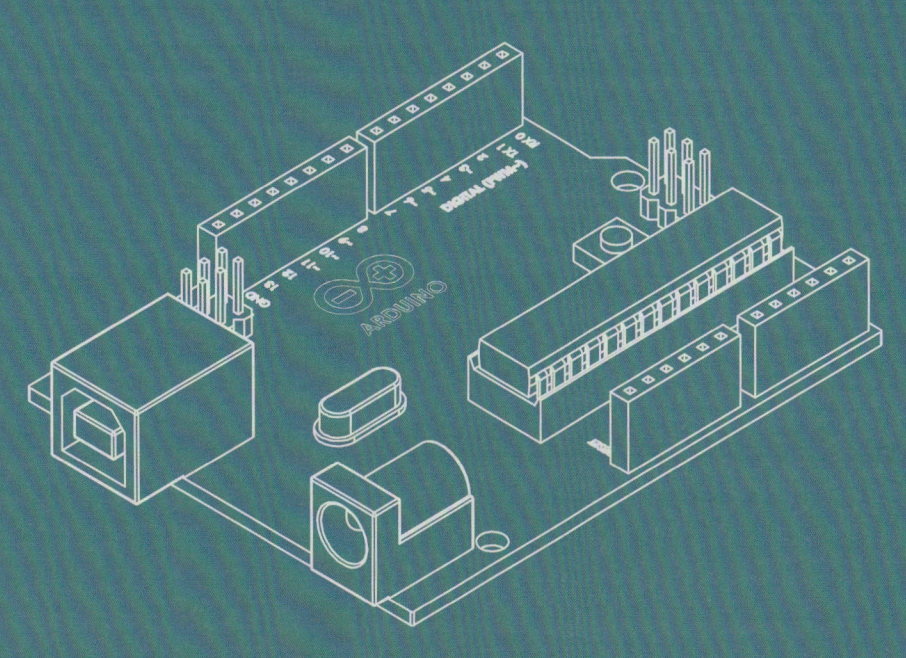

Arduino 因為可以外接豐富多樣的感測元件，所以在自造者運動中大受歡迎。本課使用擴充板 Sensor Board 以及 RJ11 線外接其他感測模組，可以學到更多與生活相關的應用實例。學習完這些基礎應用之後，大家可以試著開發其他有趣又實用的作品喔！

另有提供 mBlock 範例程式檔

4-1 Arduino 外接元件前導介紹

　　Arduino 之所以能在短短幾年內席捲全世界，靠的就是它豐富又多元的外接感測元件，因此在「Sensor Board 基礎應用篇」介紹完 S4A Sensor Board 擴充板的幾種內建感測元件後，本章開始的「Arduino 外接元件應用篇」會繼續介紹其他常見且實用的 Arduino 外接擴充模組。而這些擴充模組均可藉由 6P4C 的 RJ11 連接線，簡單快速地與 Sensor Board 上的 RJ11 插槽做對接，讓 Arduino 可以透過所連接的腳位來對這些擴充模組進行操作。

　　使用如四芯電話線般的 RJ11 線來外接其他擴充模組，是慧手科技 Arduino 相關產品的最大特色。藉由簡單又防呆的 RJ11 線來外接其他擴充模組，不但可讓學生快速又正確地完成硬體線路的配置，也讓老師能有更多的心力專注於程式與邏輯的教學。只不過 Sensor Board 的 RJ11 插槽與 Arduino 一樣，有分成類比（Analog）與數位（Digital）兩種不一樣的訊號腳位，所以在使用 Arduino 的外接擴充模組之前，同樣得先懂得判別該模組是屬於哪一類型的裝置〔類比還是數位？輸入（Input）還是輸出（Output）？〕，以免會有模組操作上的障礙。

　　在介紹其他的外接感測器前，先來認識一下 Sensor Board 上外接感測器的 RJ11 插槽。如下圖所示，Sensor Board 各提供了兩個數位與兩個類比、一共四個的 RJ11 插槽，而這些 RJ11 插槽由左至右分別會連接至 Arduino 板的數位腳位 D8/D7、D4/D3，以及類比腳位的 A4/A3、A5/A4。大家可以先把這些 RJ11 插槽想像成是在「Sensor Board 基礎應用篇」中所教過的各種輸出入元件一樣，每個 RJ11 插槽上的裝置最終會透過 Sensor Board 與底下的 Arduino 開發板腳位完成對接，而這些被連接的擴充模組便可以透過所連接的腳位來跟 Arduino 進行互動。當然，這些互動還是得有相關程式的協助才行。

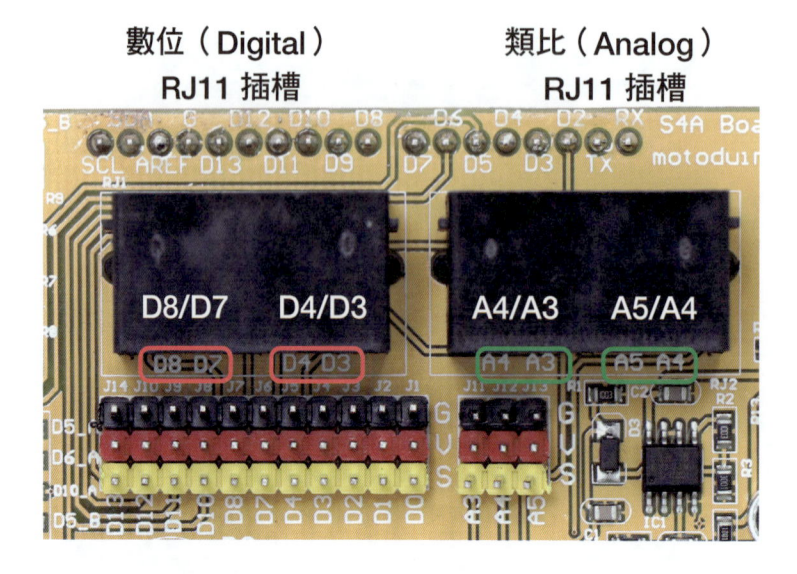

6P4C 的 RJ11 連接線如下圖所示，內部構造除了黑、紅兩條線會分別接到 Arduino 的接地（GND）和電源（VCC）外，還有綠、黃兩條線可以當成訊號線使用。眼尖的讀者應該會注意到，Sensor Board 上每一個 RJ11 的插槽，都分別連接至 Arduino 開發板的兩個腳位，主要的原因是因為 Arduino 的某些比較特殊的外接模組，有時需要兩個腳位才能夠操控（例如：搖桿、超音波感測器…等，先前介紹過的 RGB LED 甚至需要三個腳位來控制），所以 Sensor Board 上的每個 RJ11 插槽才會配合 RJ11 線，將一個插槽對應到 Arduino 開發板的兩個腳位上。

　　不過接下來要介紹的外接模組大多是一個腳位就可以控制的，所以一旦與 Sensor Board 上的 RJ11 插槽相連，因為電子線路配置的關係，外接模組最終會由 Sensor Board 上 RJ11 插槽中數字較小的那一個腳位來控制，這在軟體選擇控制腳位時會有關聯，稍後在範例練習時會再說明。

6P4C-RJ11

B（黑）：接地線（GND）
R（紅）：電源線（VCC）
G（綠）：信號線（S2）
Y（黃）：信號線（S1）

　　若是想利用 Sensor Board 的 RJ11 插槽外接其他沒有 RJ11 插槽的擴充元件（例如超音波測距模組、1602 LCD 等），或是反過來用 Sensor Board 上的排針外接其他具有 RJ11 插槽的擴充元件的狀況，只要使用如右圖所示的 RJ11 轉 4 Pins 杜邦連接線，一樣也可以享受易插好拔的外接服務。除了外觀外，RJ11 轉 4 Pins 杜邦連接線的構造與運作原理和兩頭均是 RJ11 頭的連接線並無兩樣。

4-2 角度伺服馬達（Servo）

角度伺服器 SG90 簡介

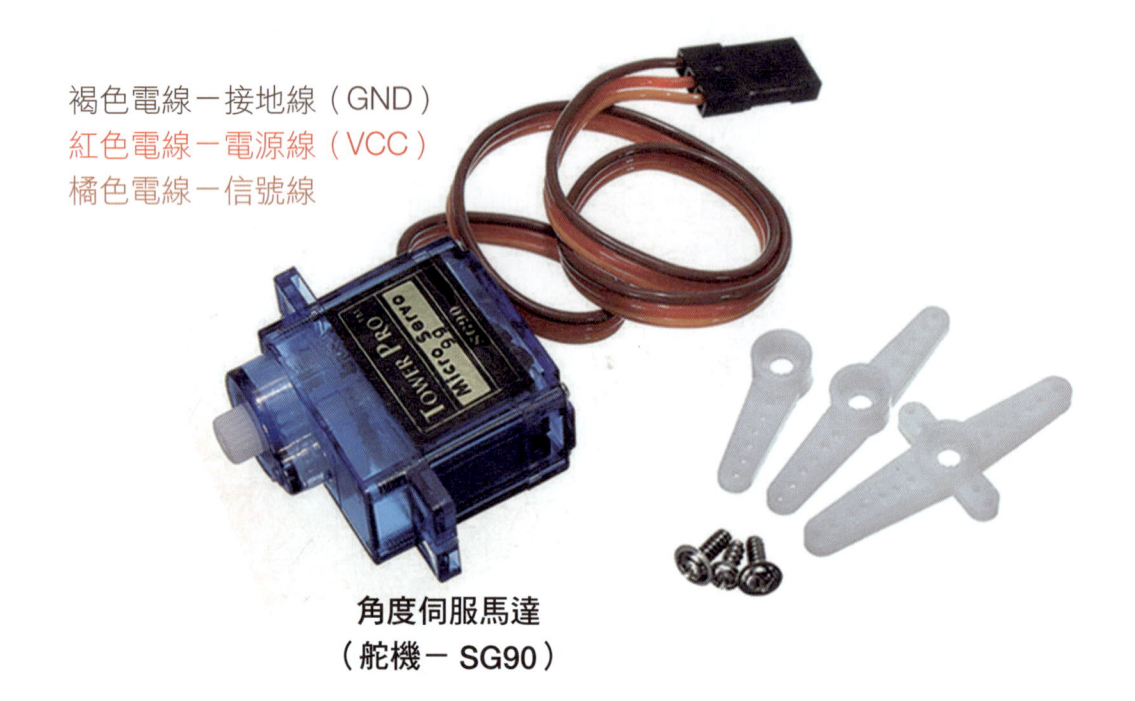

褐色電線－接地線（GND）
紅色電線－電源線（VCC）
橘色電線－信號線

**角度伺服馬達
（舵機－SG90）**

　　如上圖所示，本節要介紹的是一個新的輸出裝置—角度伺服馬達 SG90。型號為 SG90 的角度伺服馬達是屬於伺服馬達的一種，之所以前面會再多加上「角度」兩個字，是因為此類馬達並不像傳統可以 360 度連續旋轉的一般馬達，SG90 只能在 0 至 180 度的範圍內旋轉。因此只要是在此範圍內的正整數角度，SG90 都可以直接接受所設定的角度來進行旋轉。

　　由於馬達旋轉的角度是由 Arduino 開發板來決定，因此角度伺服馬達對於 Arduino 而言是一種「輸出裝置」。而 SG90 就像是人類的手腳一般，有了它之後，Arduino 不再只能單調地讓 LED 發亮或讓蜂鳴器發出聲音，藉由馬達各種的角度旋轉動作，就可以讓 Arduino 的作品能夠真正地「動」起來。

　　雖然 SG90 可設定的角度範圍是在 0 ～ 180 度，但由於控制伺服馬達的旋轉角度是由軟體來模擬處理，因此 SG90 並不一定得安裝在可支援 PWM 類比輸出的數位腳位上。如下圖所示，Sensor Board 在中間地帶已經準備了一連串三個一組的腳位排針來支援這些伺服馬達，而 Sensor Board 也沒有規定伺服馬達必須安裝在哪個腳位，不過建議最好優先選擇沒有被其他內建元件占用的腳位，這樣才不會造成元件間的相互干擾。所以 Sensor Board 上已經被按鈕、單色 LED 占用的 D2、D10 排針最好先跳過，以免會有無法預期的錯誤產生。

另外由於 Arduino UNO 操控伺服馬達時使用的函式庫（Servo.h）與 D9、D10 腳位的 PWM 功能（analogWrite（））使用同一個 Timer（Timer1），因此在使用伺服馬達時，請務必避免使用 D9 以及 D10 的 PWM 功能，否則會有相互干擾的現象，進而造成 D9、D10 的 PWM 功能無法正常執行。

可以外接角度伺服馬達的排針

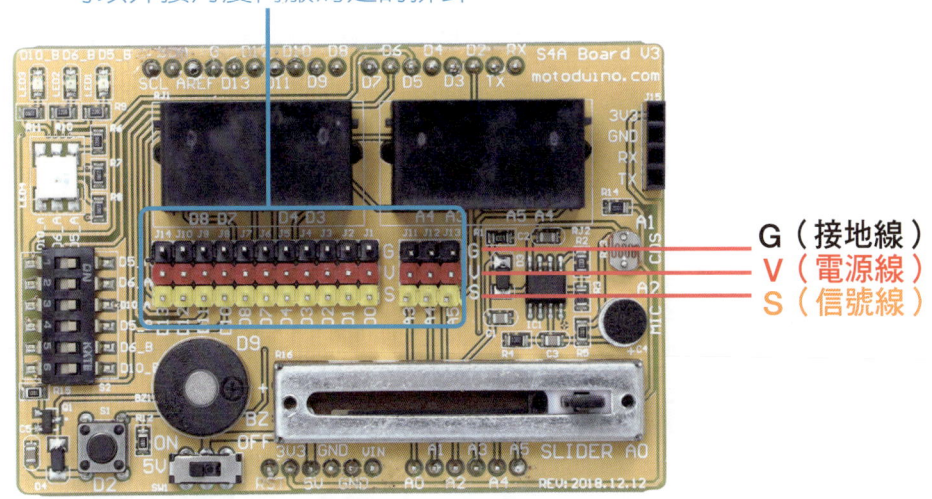

G（接地線）
V（電源線）
S（信號線）

伺服馬達連接至 Sensor Board 的方式很簡單，只要如下圖所示，將伺服馬達的**褐色接地線**接至 **Sensor Board 上的黑色接地排針**、伺服馬達**紅色電源線**接至 **Sensor Board 上的紅色排針**、伺服馬達**橘色信號線**接至 **Sensor Board 上的黃色排針**，程式便可透過 Arduino 的連線來操控伺服馬達的旋轉動作。

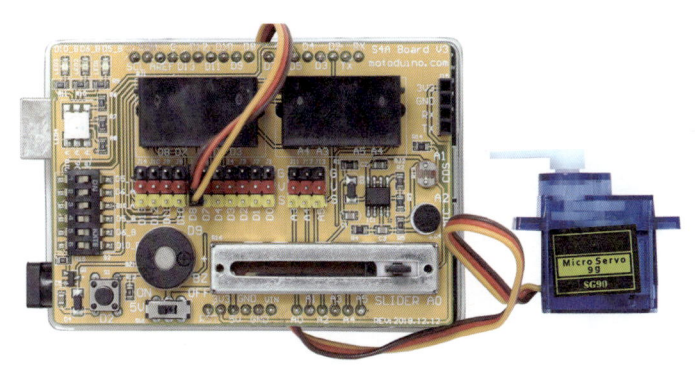

Sensor Board	伺服馬達
G：接地線（黑色）→	接地線（褐色）
V：電源線（紅色）→	電源線（紅色）
S：信號線（黃色）→	信號線（橘色）

另外，請把 SG90 裝上如右圖所示的附加懸臂元件，如此會比較容易看清楚在接下來的練習中，角度伺服馬達 SG90 的角度旋轉變化。

⚠ 注意：由於一片 Arduino Uno 最多可以送出 12 組 Servo 的脈衝訊號，因此 UNO 及 U1 最多可以控制 12 組伺服馬達。

範例 1 ｜ 滑桿可變電阻與角度伺服馬達 SG90

5 分鐘

以滑桿可變電阻控制 SG90。

在瞭解角度伺服馬達 SG90 的基本資訊之後，接下來就來做一個以 Sensor Board 上滑桿可變電阻來即時操控 SG90 懸臂旋轉角度的練習，讓使用者在滑動滑桿可變電阻的同時，角度伺服馬達也會隨著滑桿可變電阻值的變化而跟著改變懸臂旋轉的角度。

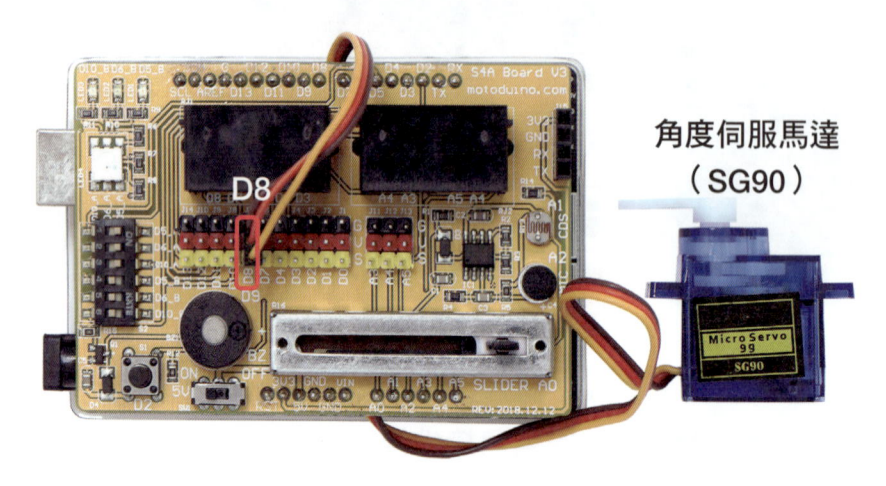

操作流程

1. 依「滑桿可變電阻回傳值（A0）：1023（A0 最大值）＝角度伺服馬達旋轉角度：180（SG90 的最大角度）」的比例，算出對應當下可變電阻數值（A0）的新伺服馬達旋轉角度。
2. 算出對應 A0 數值的伺服馬達旋轉角度必須再以四捨五入來取得整數值，因為控制馬達的程式積木中，其參數《角度》裡的數值一定要是正整數。
3. 讓馬達即時旋轉至步驟 2 最後算出的伺服馬達旋轉角度。
4. 反覆執行步驟 1～3。

motoBlockly 篇

motoBlockly 控制角度伺服馬達 SG90 的程式積木有兩個，放置在如下圖的「伺服馬達」積木群組中。其中伺服馬達程式積木中的參數《延遲》，主要是讓使用者可以藉由設定這個延遲等待的時間，來讓伺服馬達能有足夠時間轉到參數《角度》所設定的角度那邊。

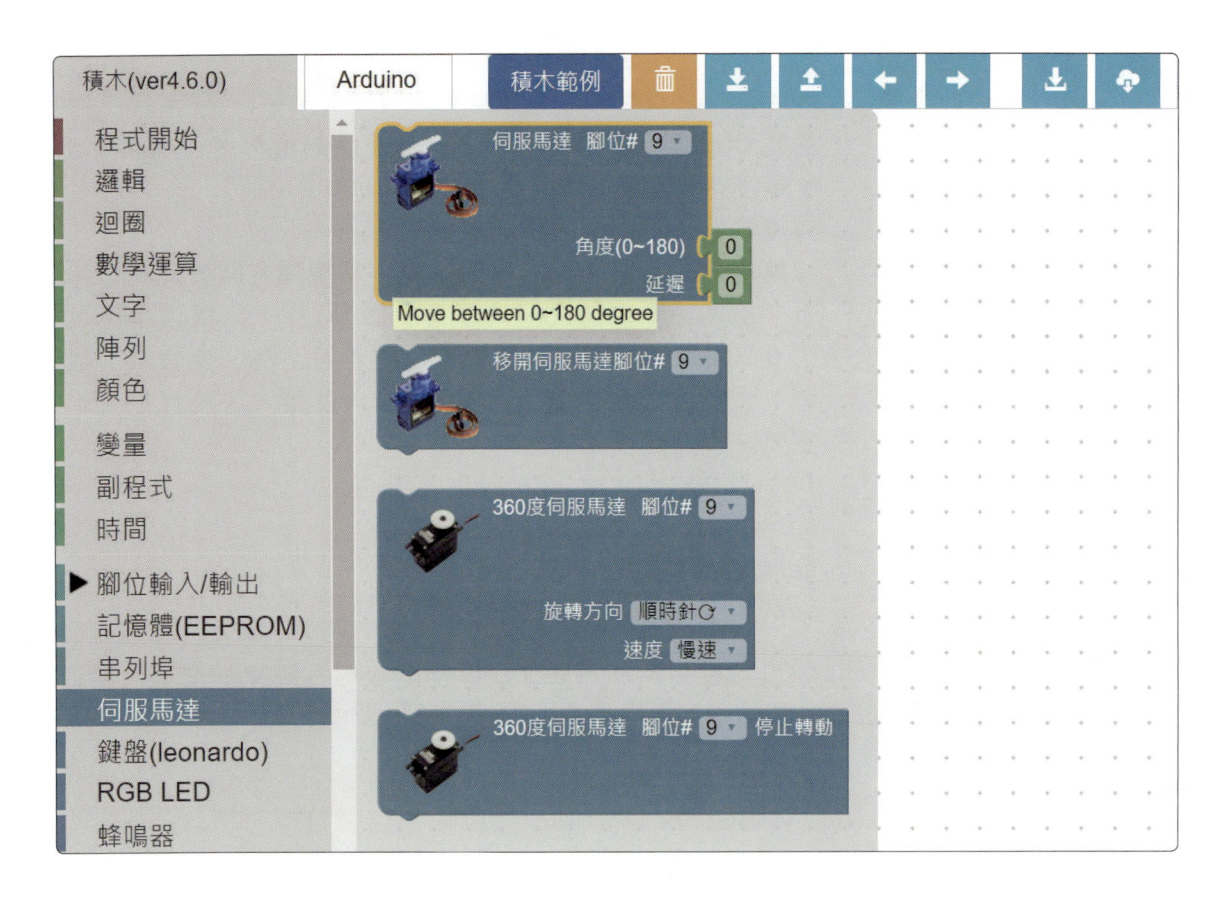

另外除了只能旋轉 0～180 度的角度伺服馬達外，可以控制 360 度連續旋轉的伺服馬達程式積木也被收錄在這個「伺服馬達」群組中。雖然本書不會用到連續旋轉的伺服馬達與其程式積木，但由於角度與連續旋轉伺服馬達所使用的程式碼大同小異，故在此一併介紹之。

程式積木	功能說明
 伺服馬達 腳位# 8 角度(0~180) 0 延遲 0	設定伺服馬達旋轉角度的積木。 ＜腳位＞：伺服馬達所對接的 Arduino 腳位。 《角度（0～180）》：伺服馬達欲旋轉的角度。 《延遲》：等待秒數，時間單位為毫秒。 // 對應程式碼： Servo servo_ 腳位 ; servo_ 腳位 .attach（腳位）; servo_ 腳位 .write（角度）; delay（延遲毫秒數）;
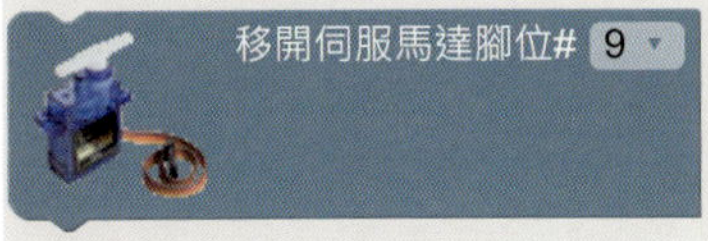 移開伺服馬達腳位# 9	移除指定腳位所綁定的伺服馬達的積木。 ＜腳位＞：伺服馬達所對接的 Arduino 腳位。 // 對應程式碼： servo_ 腳位 .detach（腳位）;

程式積木	功能說明
360度伺服馬達 腳位# 9 旋轉方向 順時針 速度 慢速 ✓ 慢速 中速 快速	設定 360 度伺服馬達旋轉方向與速度的積木。 ＜腳位＞：伺服馬達所對接的 Arduino 腳位。 《旋轉方向》：伺服馬達旋轉的方向。 《速度》：伺服馬達旋轉的速度。當旋轉方向設定為"順時針"旋轉時，伺服馬達角度會小於 90 度，角度越小（越接近 0）順時針旋轉速度越快。反之若設定為"逆時針"旋轉時，伺服馬達角度會大於 90 度，角度越大（越接近 180）逆時針旋轉速度越快。 // 對應程式碼： Servo servo_腳位； servo_腳位.attach（腳位）； servo_腳位.write（角度）；
360度伺服馬達 腳位# 9 停止轉動	設定 360 度伺服馬達停止旋轉的積木。 ＜腳位＞：伺服馬達所對接的 Arduino 腳位。 // 對應程式碼： servo_腳位.write（90）；

motoBlockly 完整程式碼

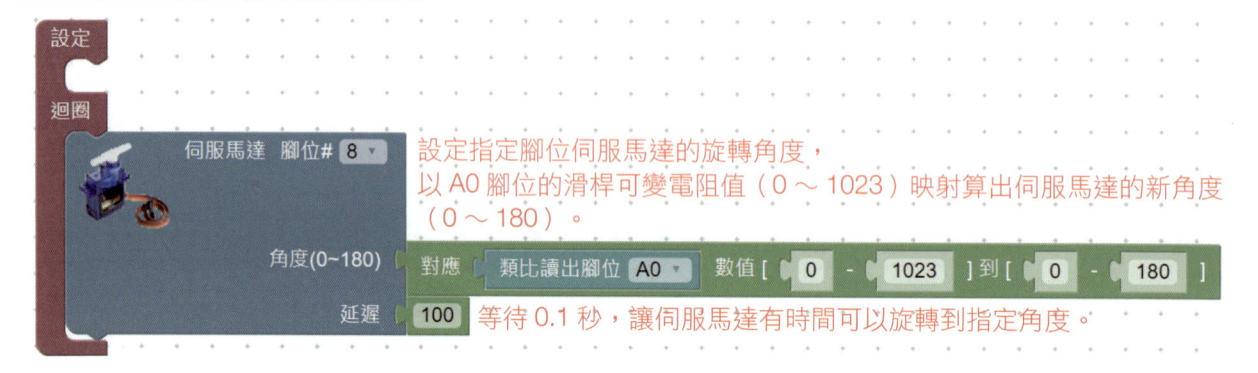

設定
迴圈
　伺服馬達 腳位# 8　　設定指定腳位伺服馬達的旋轉角度，
　　　　　　　　　　　以 A0 腳位的滑桿可變電阻值（0～1023）映射算出伺服馬達的新角度
　　　　　　　　　　　（0～180）。
　角度(0~180)　對應　類比讀出腳位 A0　數值 [0 - 1023] 到 [0 - 180]
　延遲 100　等待 0.1 秒，讓伺服馬達有時間可以旋轉到指定角度。

在 motoBlockly 中，可以利用之前介紹過、位在「數學運算」積木群組中的 對應 數值 [0 - 1024] 到 [0 - 255] 程式積木，直接將滑桿可變電阻的回傳值 A0 換算成對應的伺服馬達旋轉角度值；且由於藉由此積木換算後的旋轉角度值已是整數，因此不需再多做四捨五入取整數的動作，雖然程式讀起來沒那麼直覺，但卻可以大幅減少換算時造成的不便與錯誤。

Arduino C 程式碼與功能相關說明

```
1  #include <Servo.h>
2
3  Servo servo_8;
4  void setup()
5  {
6      pinMode(A0, INPUT);     //設定可讀取滑桿可變電阻數值的A0腳位為輸入模式
7  }
8
9  void loop()
10 {
11     servo_8.attach(8);      //綁定指定腳位(此例為D8腳位)的伺服馬達
12     //設定指定腳位伺服馬達的旋轉角度，以A0腳位滑桿可變電阻算出的映射值為新角度
13     servo_8.write((map(analogRead(A0),0,1023,0,180)));
14     delay(100);             //等待0.1秒，讓伺服馬達有時間可以旋轉到指定角度
15 }
```

4-3 直流馬達

直流馬達簡介

利用直流電使線圈通過電流，讓電磁與磁鐵能夠感應出轉距，使其產生旋轉動作的馬達，稱之為直流馬達，一般在玩具或小風扇上看到的可連續旋轉馬達多屬此類。而利用 Arduino 開發板所製作的智能自走車，其中使用的 TT 直流減速馬達（如右圖所示），也是屬於直流馬達的一種。

在本書的一開始便有提到，一般的 Arduino 開發板需再加裝一塊直流馬達的控制模組（例如 L298N 或 L9110S 等），才能操控直流馬達。不過由於本書所使用的 Motoduino U1，已將 Arduino UNO 與馬達控制晶片 L293D 整合在同一塊電路板中，因此使用者可直接將直流馬達的兩條電線，接在如下圖所示的 M1 或 M2 位置即可對其操控，而一片 U1 同時可對兩顆直流馬達進行操控。

U1 開發板的 M1 與 M2 即便裝上直流馬達，依舊可以安裝 Sensor Board 來使用。不過直流馬達根據其配置在 U1 位置上的不同，控制馬達的腳位也會有所不同，U1 上 M1、M2 對應的馬達控制腳位如下表所示：

	馬達方向控制腳位	馬達速度控制腳位
M1	D10（HIGH/LOW）	D5（0~255）（0 為停止，數字越大越快）
M2	D11（HIGH/LOW）	D6（0~255）（0 為停止，數字越大越快）

範例 2 | 按鈕、滑桿可變電阻與直流馬達

20 分鐘

以滑桿可變電阻控制風扇轉速。

　　介紹完直流馬達在 U1 如何配置及其控制的腳位之後，接下來就來利用 Motoduino U1 打造一個可調整轉速的小風扇。先將風扇的直流馬達依下圖所示的方式安裝在 U1 的 M1 位置後（馬達紅線接至 M1+，馬達黑線則接至 M1-），再將 Sensor Board 加裝在 U1 之上，使用者便可藉由按鈕（D2）來開關小風扇。一旦風扇開始轉動，使用者便可藉由滑動滑桿可變電阻（A0）來調整小風扇旋轉的速度。

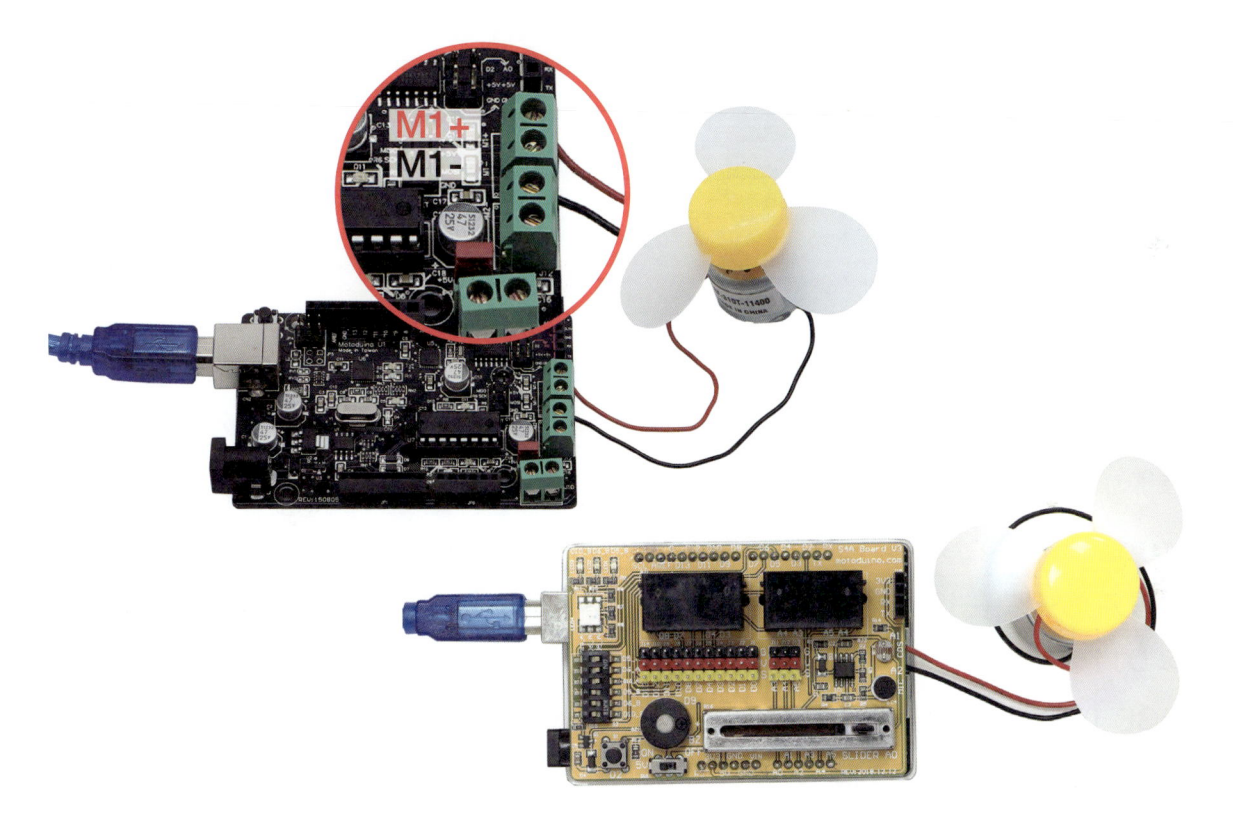

操作流程

1. 初始狀態先將接在 M1 的小風扇轉速（D5）設為 0，此時小風扇靜止不動。
2. 在小風扇靜止不動時按下 Sensor Board 上的按鈕（D2），風扇便開始旋轉。
3. 當小風扇在旋轉狀態時，可經由 A0 腳位的滑桿可變電阻來調整風扇轉速，滑桿對應轉速的調整範圍為 100 ～ 255。
4. 當小風扇在旋轉狀態時按下 Sensor Board 上的按鈕（D2），小風扇便會立即停止旋轉。
5. 反覆執行步驟 2 ～ 4。

motoBlockly 篇

motoBlockly 完整程式碼

設定
- 設定類比腳位 5 資料 0　　將風扇預設的轉速（D5）設為 0，即風扇停止轉動

迴圈
- 重複，當 數位讀出腳位 2 = 低　　等待 D2 腳位的按鈕被按下，若沒人按就在此迴圈中等待
  執行
- 設定數位腳位 10 為 低
- 延遲毫秒 500
- 執行 設定類比腳位 5 資料 對應 類比讀出腳位 A0 數值 [0 - 1023] 到 [100 - 255]　　以 A0 腳位滑桿可變電阻（0～1023）算出的映射值（100～255）為新風扇轉速
- 重複，當 數位讀出腳位 2 = 低　　等待 D2 腳位的按鈕被按下，若沒人按就在此迴圈中等待
- 設定類比腳位 5 資料 0　　將風扇轉速設為 0，即停止風扇轉動
- 延遲毫秒 500

　　此範例執行時，由於 Sensor Board 上控制單色 LED 與 RGB LED 綠色 LED 的腳位，和 U1 中 M1 控制馬達轉速的腳位一樣都是使用數位腳位 D5，因此當安裝在 M1 的馬達開始旋轉時，單色 LED 與 RGB LED 的綠燈可能也會跟著亮起，若不想發生這種狀況，記得將 D5_A 與 D5_B 的指撥開關（DIP Switch）切換至 OFF 端即可。另外若是將直流馬達裝在 U1 的 M2 位置，程式中控制馬達的腳位也得跟著更改為 D6（轉速）與 D11（轉向）；如此當馬達開始旋轉時，對應亮起的 LED 可能會是同為 D6 腳位的 RGB LED 紅燈與單色 LED 黃燈，此時同樣將 D6_A 與 D6_B 的指撥開關切換至 OFF 端即可避免 LED 再被點亮。

Arduino C 程式碼與功能相關說明

```
1 void setup()
2 {
3     pinMode(5, OUTPUT);    //設定控制風扇轉速的D5腳位為輸出模式
4     pinMode(2, INPUT);     //設定可讀取按鈕狀態的D2腳位為輸入模式
5     pinMode(10, OUTPUT);   //設定控制風扇轉向的D10腳位為輸出模式
6     pinMode(A0, INPUT);    //設定可讀取滑桿可變電阻數值的A0腳位為輸入模式
7     analogWrite(5,0);      //一開始將風扇轉速設為0，讓風扇不會轉動
8 }
9
10 void loop()
11 {
12     //使用迴圈持續偵測按鈕是否有被按下，若持續沒被按下(回傳值為LOW)，則程式會持續無作為地在此打轉
13     //一旦按鈕被按下(回傳值為HIGH)，則此迴圈的判斷式便不會成立，程式便會跳離此迴圈開始執行第16行程式碼
14     while ((digitalRead(2) == LOW)) {
15     }
16     digitalWrite(10,LOW);
17     delay(500);     //等待500毫秒(0.5秒)，讓使用者有時間放開按鈕，以免程式直接跳到第24行程式碼
18
19     //在第二次按鈕被按下前，使用者可以滑桿可變電阻調整風扇轉速
20     do{
21         //設定風扇的旋轉速度，以A0腳位滑桿可變電阻(0~1023)算出的映射值(100~255)為新風扇轉速
22         analogWrite(5,(map(analogRead(A0),0,1023,100,255)));
23     }while((digitalRead(2) == LOW)); //一旦按鈕再度被按下，則此判斷式便不會成立，程式便會跳離此迴圈開始執行第24行程式碼
24     analogWrite(5,0);   //將風扇轉速設為0，即停止風扇轉動
25     delay(500);     //等待500毫秒(0.5秒)，讓使用者有時間放開按鈕，以免程式直接跳回第16行程式碼
26 }
```

另外讀者若是對使用 U1 來同時控制兩顆直流馬達、或是製作智能自走車有興趣的話，motoBlockly 中也提供了幾個參考範例（如下圖所示，例如藍牙、Wi-Fi 遙控車等），讀者可以多加參考利用。

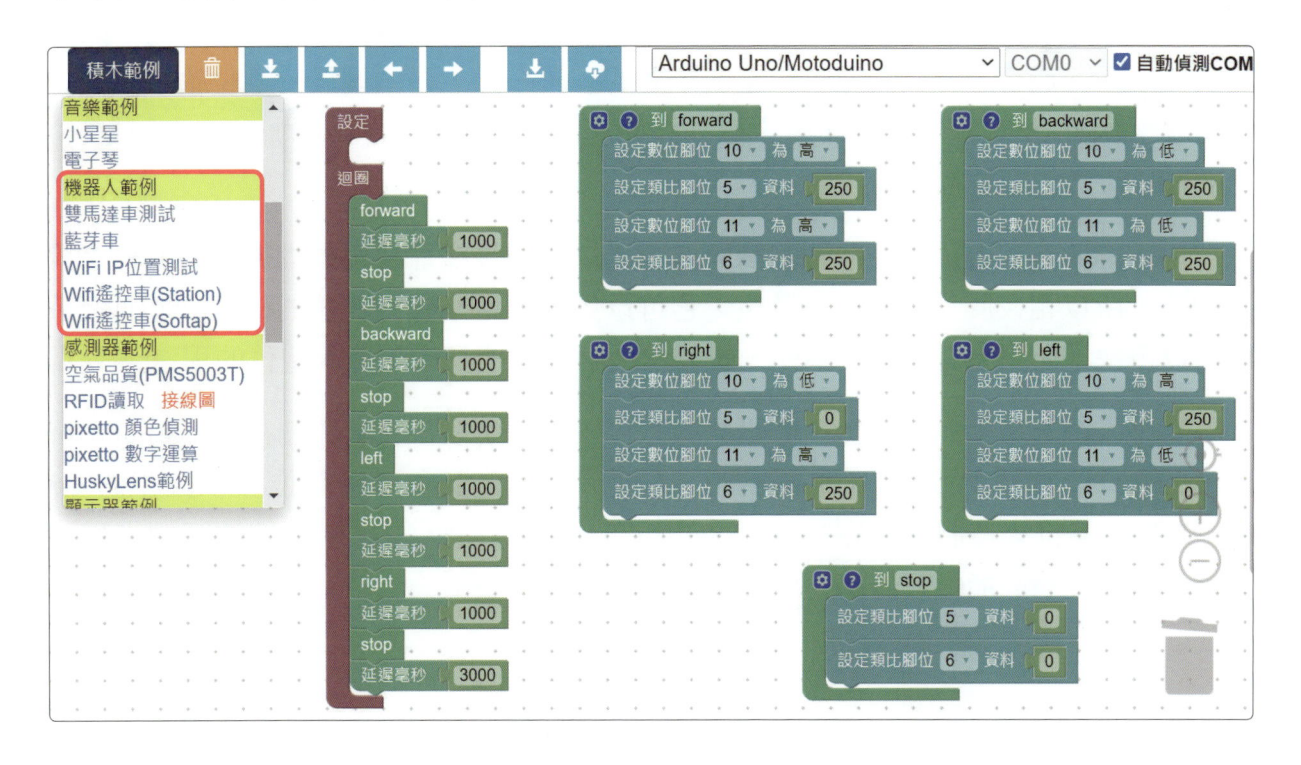

4-4 微動開關

微動開關簡介

RJ11 插槽

偵測的物體壓迫到微動開關的鐵片時，微動開關便會如同按鈕一樣，發出 HIGH 的數位訊號給 Arduino。

微動開關觸發裝置

　　微動開關（或稱碰撞開關）的外型如上圖所示，主要的功能是用來定位或偵測是否有物體碰觸到這個開關。微動開關會將目前的狀態回報給 Arduino 開發板，由於其狀態只有「被碰撞到」（回傳 HIGH）和「沒有被碰到」（回傳 LOW）兩種，因此對於 Arduino 而言，微動開關也和之前學過的按鈕一樣，是同屬於「數位輸入」裝置的一種，因此建議可將這個外接的微動開關連接至 Sensor Board 的 D4/D3，或 D8/D7 的 RJ11 數位腳位插槽中。

　　如上圖所示，由於微動開關的觸發裝置是以一根長鐵片利用槓桿原理的方式來按下開關，所以相較於一般的按鈕模組，它可以更靈敏地察覺到物體的碰撞，進而讓系統可以更快地做出應對措施，因此一般較常被應用在機具的防撞或定位的用途上。

　　另外，因為微動開關只需一條訊號線即可操控，所以當微動開關被連接到 Sensor Board 的 D4/D3 或 D8/D7 RJ11 插槽時，Arduino 開發板會透過腳位數字較小的 D3 或 D7 數位腳位來控制此開關，這是 Sensor Board 與 RJ11 線硬體配置的限制，程式軟體無法改變，只能配合做出對應的選擇。

範例 3 ｜ 微動開關與 SG90

20 分鐘

以微動開關控制 SG90 角度。

　　微動開關的使用方式和按鈕非常類似。經由測試後可知，當沒被按下時回傳給 Arduino 開發板的訊息是 False（LOW），被按下後則是回傳 True（HIGH）。另外由於微動開關是屬於 Arduino 的「數位輸入」裝置，因此在 motoBlockly 中，一樣是使用位在「腳位輸入／輸出」群組中「數位」選項裡的 `數位讀出腳位 0` 程式積木來進行操控。而在了解微動開關的軟硬體相關資訊後，便可試著用微動開關來控制 SG90 旋轉的角度。

　　由於此款微動開關是屬於 Sensor Board 的外接模組，因此在開始進行程式的編寫之前，我們須先完成硬體線路的連接。如下圖所示，本例選擇將微動開關以 RJ11 線連接至 Sensor Board 的 D4/D3 插槽中，角度伺服馬達 SG90 則選擇與 Sensor Board 上的 D8 數位腳位對接。

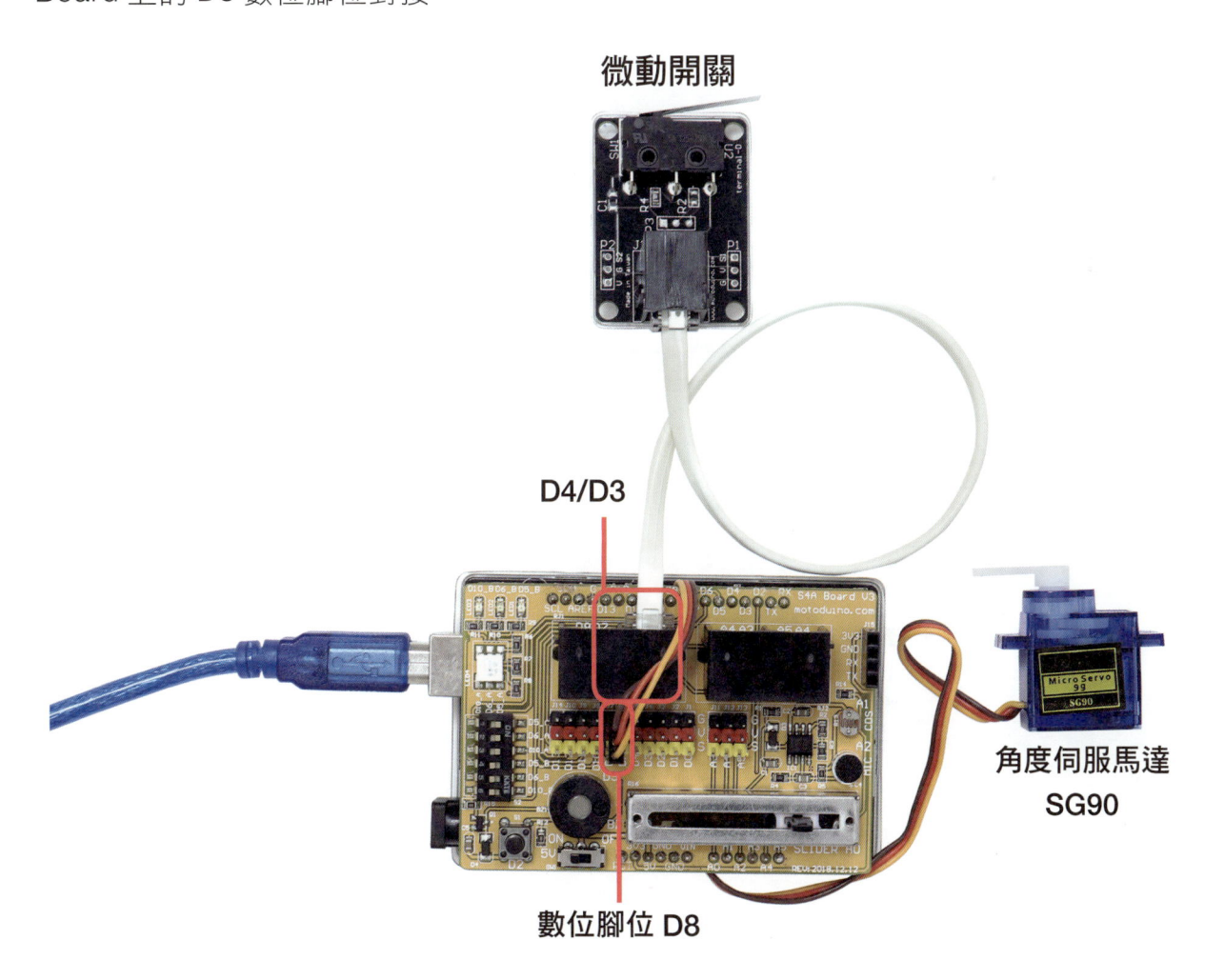

微動開關

D4/D3

數位腳位 D8

角度伺服馬達 SG90

操作流程

1. 將角度伺服馬達 SG90 連接至 Sensor Board 數位腳位 D8 的位置（當然也可以連接至其他數位腳位，但程式中的對應腳位也要跟著改變），並將其初始角度設為 0。

2. 將微動開關連接至 Sensor Board 的 D4/D3 或 D8/D7 插槽中（本例選擇連接至 D4/D3，因此在程式積木中的腳位選擇時便得選擇腳位數字較小的 D3）。

3. 當 SG90 的旋轉角度為 0 度，微動開關（D3）每被按一下，SG90（D8）馬達角度就會增加 10 度，直到按到第 18 下，SG90 馬達角度增加至 180 度為止。

4. 當 SG90 的旋轉角度已到達 180 度，此時微動開關每多按一下，SG90 馬達角度就會減少 10 度，直到按到第 18 下，SG90 馬達角度減少至 0 度為止。

5. 反覆執行步驟 3～4。

motoBlockly 篇

motoBlockly 完整程式碼

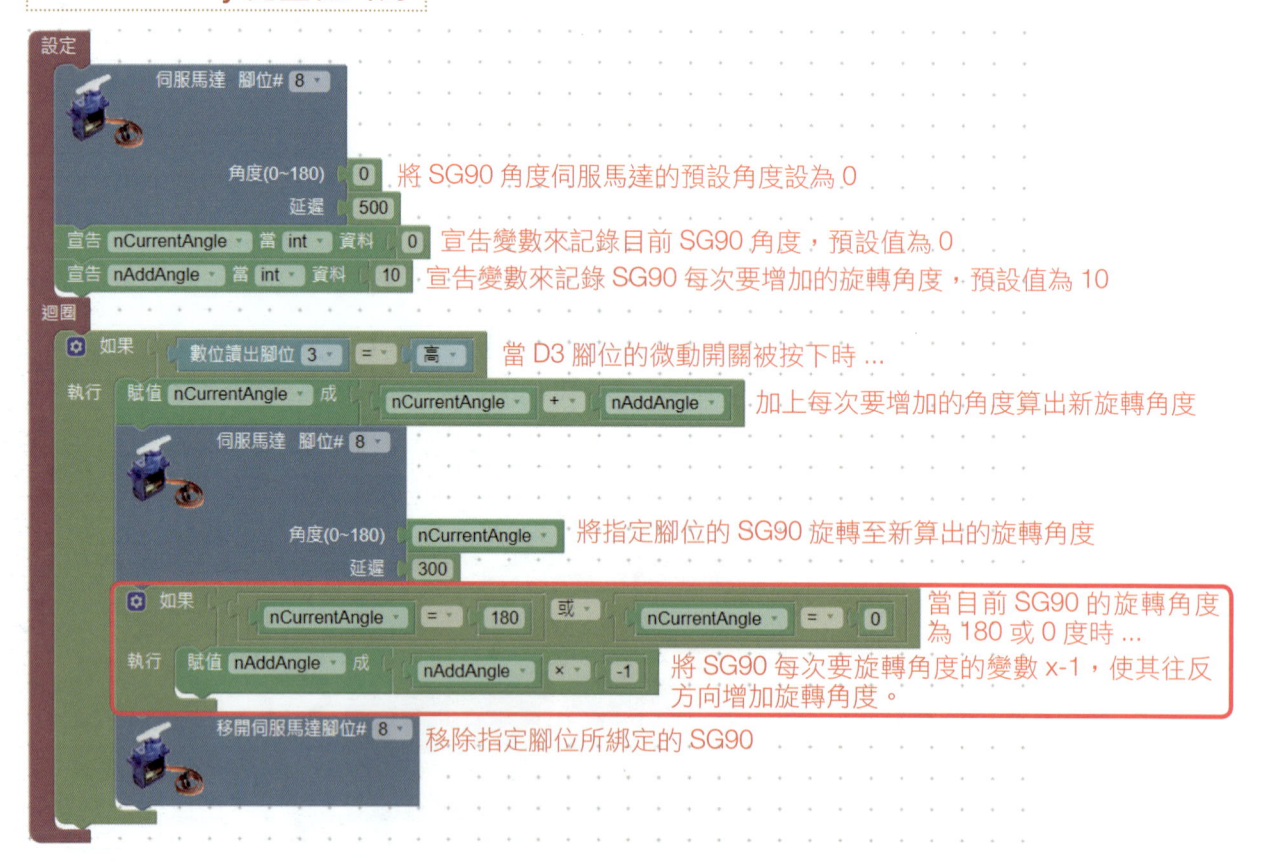

（程式積木圖示）

- 伺服馬達 腳位# 8
- 角度(0~180) 0　→ 將 SG90 角度伺服馬達的預設角度設為 0
- 延遲 500
- 宣告 nCurrentAngle 當 int 資料 0　→ 宣告變數來記錄目前 SG90 角度，預設值為 0
- 宣告 nAddAngle 當 int 資料 10　→ 宣告變數來記錄 SG90 每次要增加的旋轉角度，預設值為 10

迴圈
- 如果 數位讀出腳位 3 = 高　→ 當 D3 腳位的微動開關被按下時…
- 執行 賦值 nCurrentAngle 成 nCurrentAngle + nAddAngle　→ 加上每次要增加的角度算出新旋轉角度
- 伺服馬達 腳位# 8
- 角度(0~180) nCurrentAngle　→ 將指定腳位的 SG90 旋轉至新算出的旋轉角度
- 延遲 300
- 如果 nCurrentAngle = 180 或 nCurrentAngle = 0　→ 當目前 SG90 的旋轉角度為 180 或 0 度時…
- 執行 賦值 nAddAngle 成 nAddAngle × -1　→ 將 SG90 每次要旋轉角度的變數 x-1，使其往反方向增加旋轉角度。
- 移開伺服馬達腳位# 8　→ 移除指定腳位所綁定的 SG90

如上圖紅色方框所示，程式會以角度伺服馬達 SG90 目前的旋轉角度是否已經達到 0 或 180 度，來決定接下來每次按開關，馬達要增加或減少的旋轉角度是多少。當馬達的角度為 0 時，每次按下微動開關時馬達會以增加 10 度的角度逆時針旋轉。直到 SG90 的旋轉角度到達 180 度後，程式便會將原本每次增加的角度乘以 -1（10 x -1 = -10，即減少 10 度），將馬達從 180 度的位置反轉回來。所以此時每再按下一次微動開關，SG90 角度便會以減少 10 度的角度順時針旋轉回來。直到 SG90 再次回到 0 度後，程式會再次將原本每次減少的角度再次乘以 -1，負負得正（-10 x -1 = 10）的結果，SG90 便又會開始以每次增加 10 度的逆時針方向開始旋轉。

Arduino C 程式碼與功能相關說明

```
1  #include <Servo.h>
2
3  Servo servo_8;
4  int   nCurrentAngle;   //宣告記錄目前SG90角度的變數
5  int   nAddAngle;       //宣告記錄SG90每次要旋轉角度的變數
6  void setup()
7  {
8      pinMode(3, INPUT);      //設定可讀取微動開關狀態的D3腳位為輸入模式
9      servo_8.attach(8);      //綁定指定腳位(此例為D8腳位)的伺服馬達
10     servo_8.write(0);       //設定指定腳位伺服馬達的一開始的旋轉角度為0
11     delay(500);             //等待0.5秒，讓伺服馬達有時間可以旋轉到指定角度
12     nCurrentAngle = 0;      //設定記錄目前SG90角度的變數預設值為0
13     nAddAngle = 10;         //設定記錄SG90每次旋轉角度的變數預設值為10
14 }
15
16 void loop()
17 {
18     if (digitalRead(3) == HIGH) {    //當D3腳位的微動開關被按下時...
19         nCurrentAngle = nCurrentAngle + nAddAngle;  //將目前SG90的旋轉角度加上目前SG90每次要旋轉的角度值
20         servo_8.attach(8);              //綁定指定腳位(此例為D8腳位)的伺服馬達
21         servo_8.write(nCurrentAngle);   //將指定腳位的伺服馬達旋轉至新算出的旋轉角度
22         delay(300);                     //等待0.3秒，讓伺服馬達有時間可以旋轉到指定角度
23
24         if (nCurrentAngle == 180 || nCurrentAngle == 0) {  //當目前SG90的旋轉角度為180或0度時...
25             nAddAngle = nAddAngle * -1;  //將SG90每次要旋轉角度的變數乘以-1，使其往反方向增加旋轉角度
26         }
27         servo_8.detach();   //移除指定腳位所綁定的SG90
28     }
29 }
```

4-5 磁簧開關

磁簧開關簡介

> 平常發出數位訊號 LOW，當磁性物體接近時磁簧開關便會導通，此時會發出數位訊號 HIGH 給 Arduino。

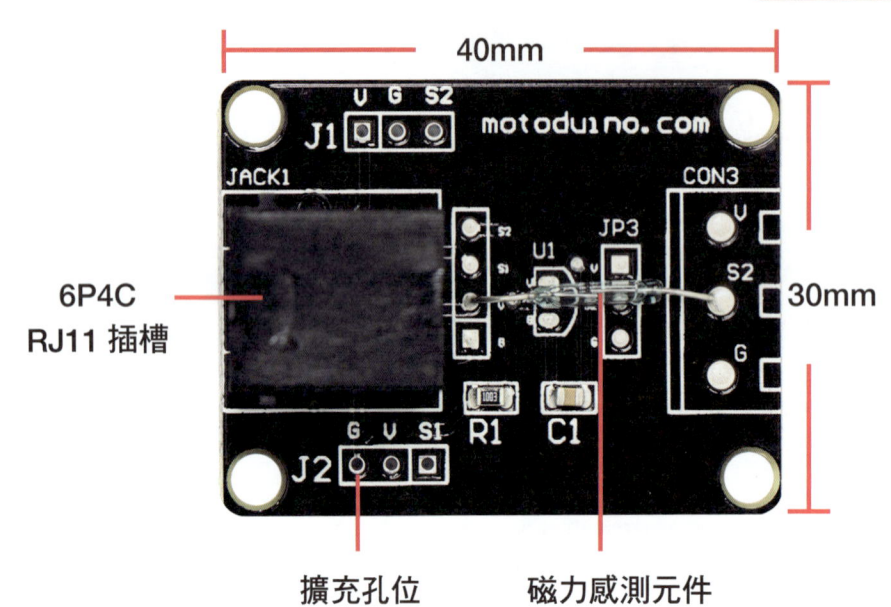

- 6P4C RJ11 插槽
- 擴充孔位
- 磁力感測元件
- 40mm / 30mm

磁簧開關顧名思義是一種可利用磁力為媒介的非接觸式開關，其可經由磁力來開啟（ON）或關閉（OFF）開關，一般都會搭配另一個帶有磁力的物件來使用。如上圖所示，磁簧開關和微動開關的訊號傳輸型式都是屬於數位（Digital）類型，也一樣會將目前的狀態回傳給 Arduino 開發板（此款磁簧開關模組在未接近磁力裝置的狀態下會回傳 LOW，但被磁力裝置接近後便會回傳 HIGH），因此磁簧開關是屬於 Arduino 的「數位輸入」裝置，一般會被用在非接觸式的位置檢測或居家安全的監控上。

生活中常見的磁簧開關是用於住家或商店的門窗防盜系統中。如右圖所示，磁簧開關防盜系統會以兩個長方塊為一組的方式存在，一邊的長方塊裡含有磁簧開關模組，並且會被裝置於門框或窗緣固定，而另一邊含有磁力物件（大部分是磁鐵）的長方塊裡則會被黏在門或窗戶上。當門窗被關閉且兩個長方塊接近時，磁簧開關感受到磁力物件的存在，便會讓防盜系統保持在靜默的待命狀態；一旦門窗遭到開啟，磁簧開關感受到的磁力狀態發生改變，就會觸發防盜系統的警報。

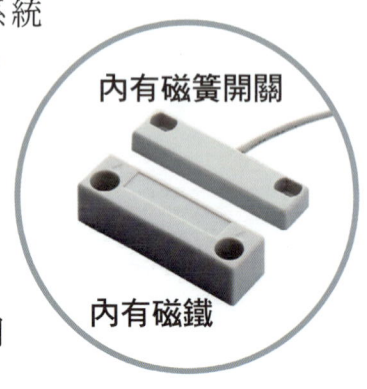

- 內有磁簧開關
- 內有磁鐵

範例 4 ｜ 磁簧開關與蜂鳴器

15 分鐘

門窗防盜系統。

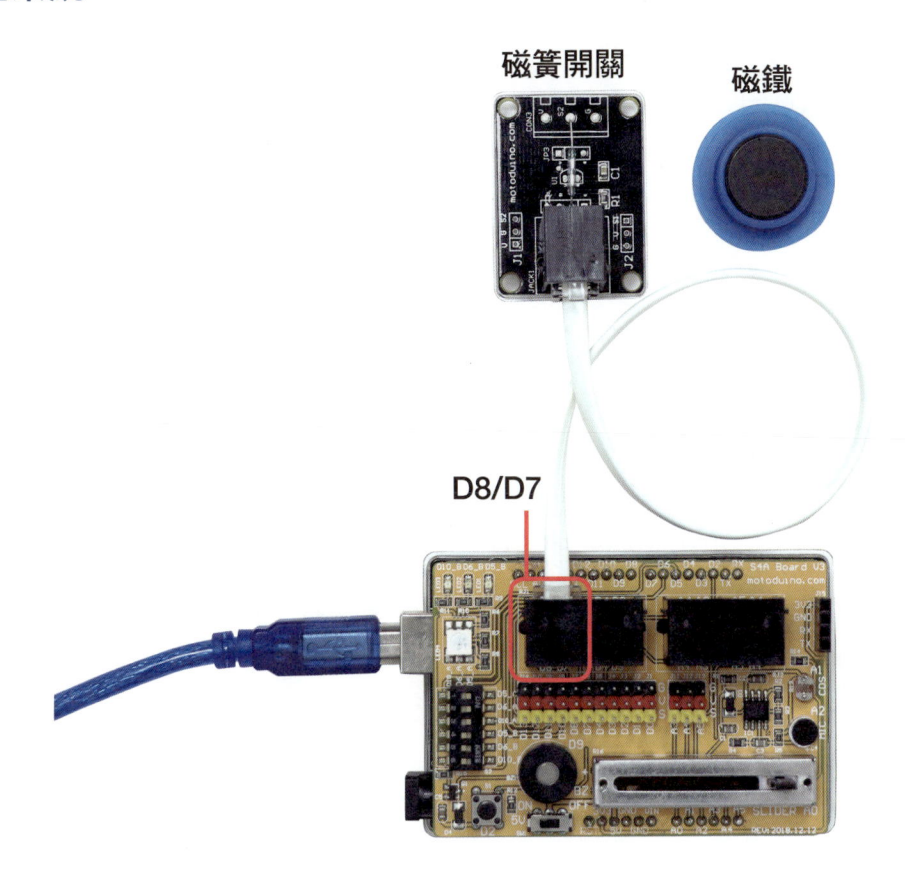

既然磁簧開關防盜系統是以磁力感應來判別門窗是否已被打開，那麼本範例便利用 Sensor Board 上的蜂鳴器與 RGB LED，再加上一個外接的磁簧開關與磁鐵來自製一套簡易的門窗防盜系統。而由於此範例會用到 RGB LED，所以在開始練習前，請先確定 Sensor Board 上的指撥開關是依下圖所示的方向來設定（D5_A、D6_A 及 D10_A 均設定為 ON）。

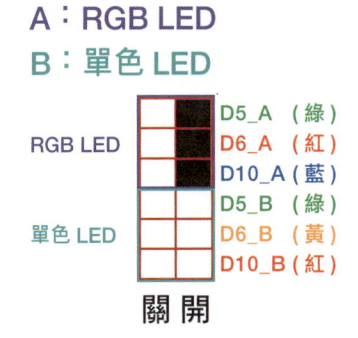

A：RGB LED
B：單色 LED

	關	開	
RGB LED		■	D5_A（綠）
		■	D6_A（紅）
		■	D10_A（藍）
單色 LED			D5_B（綠）
			D6_B（黃）
			D10_B（紅）

第 4 章　Arduino 外接元件應用介紹－

操作流程

1. 將磁簧開關連接至 Sensor Board 的 D8/D7 插槽中，因此程式中磁簧開關的對應腳位為 D7。
2. 如果磁簧開關（D7）狀態為 True（HIGH），表示門窗為緊閉狀態（磁力物件靠近磁簧開關），此時警報器（Sensor Board 上的蜂鳴器（D9）與 RGB LED 紅燈（D6））關閉。
3. 如果磁簧開關（D7）狀態改變為 False（LOW），表示門窗已被打開（磁力物件遠離磁簧開關），警報器發出聲音與閃光。
4. 反覆偵測磁簧開關（D7）狀態，並依其狀態執行步驟 2 或步驟 3。

motoBlockly 篇

既然磁簧開關和按鈕與微動開關一樣是同屬於 Arduino 的「數位輸入」裝置，那麼磁簧開關在 motoBlockly 使用的程式積木一樣是位在「腳位輸入／輸出」群組中「數位」選項裡的 `數位讀出腳位 0`。

motoBlockly 完整程式碼

（程式積木圖示）

- 如果 數位讀出腳位 7 = 高 ── 當 D7 腳位的磁簧開關仍感應到磁力時…（即門窗被關閉時）
- 執行 蜂鳴器 聲音停止 腳位# 9 ── 關閉蜂鳴器（靜默）
- 否則，當 D7 腳位的磁簧開關沒感應到磁力時..（即門窗被開啟時）
  - 設定類比腳位 6 資料 100 ── 點亮 D6 腳位的 RGB LED 紅色 LED
  - 蜂鳴器 9 聲音頻率 650 延遲週期 400 ── 蜂鳴器響起警報聲的第一個音符
  - 延遲毫秒 400
  - 設定類比腳位 6 資料 0 ── 關閉 D6 腳位的 RGB LED 之紅色 LED
  - 蜂鳴器 9 聲音頻率 900 延遲週期 500 ── 蜂鳴器響起警報聲的第二個音符
  - 延遲毫秒 500

程式上傳至 Arduino 開發板後，一開始若磁簧開關模組旁沒有任何磁力裝置的話，Sensor Board 上的蜂鳴器及 RGB LED 的紅燈應該就會以間隔 400 毫秒（0.4 秒）的週期間歇作動作，直到把磁力物件（磁鐵）靠近磁簧開關模組才會停止。

Arduino C 程式碼與功能相關說明

```
1  void setup()
2  {
3      pinMode(7, INPUT);      //設定可讀取磁簧開關狀態的D7腳位為輸入模式
4      pinMode(6, OUTPUT);     //設定可控制RGB LED紅色LED的D6腳位為輸出模式
5      pinMode(9, OUTPUT);     //設定可控制蜂鳴器的D9腳位為輸出模式
6  }
7
8  void loop()
9  {
10     if (digitalRead(7) == HIGH) {   //當D7腳位的磁簧開關仍感應到磁力時...
11         noTone(9);                   //關閉蜂鳴器(靜默)
12     } else {                         //否則,當D7腳位的磁簧開關沒感應到磁力時...
13         analogWrite(6,100);          //點亮D6腳位的RGB LED的紅色LED
14         tone(9,650,400);             //蜂鳴器響起警報聲的第一個音
15         delay(400);
16         analogWrite(6,0);            //關閉D6腳位的RGB LED的紅色LED
17         tone(9,900,500);             //蜂鳴器響起警報聲的第二個音
18         delay(500);
19     }
20 }
```

4-6 傾斜開關

傾斜開關簡介

> 往某一邊傾斜會發出數位訊號 HIGH，往另一邊傾斜則會發出數位訊號 LOW，發出的訊號都會傳給 Arduino。

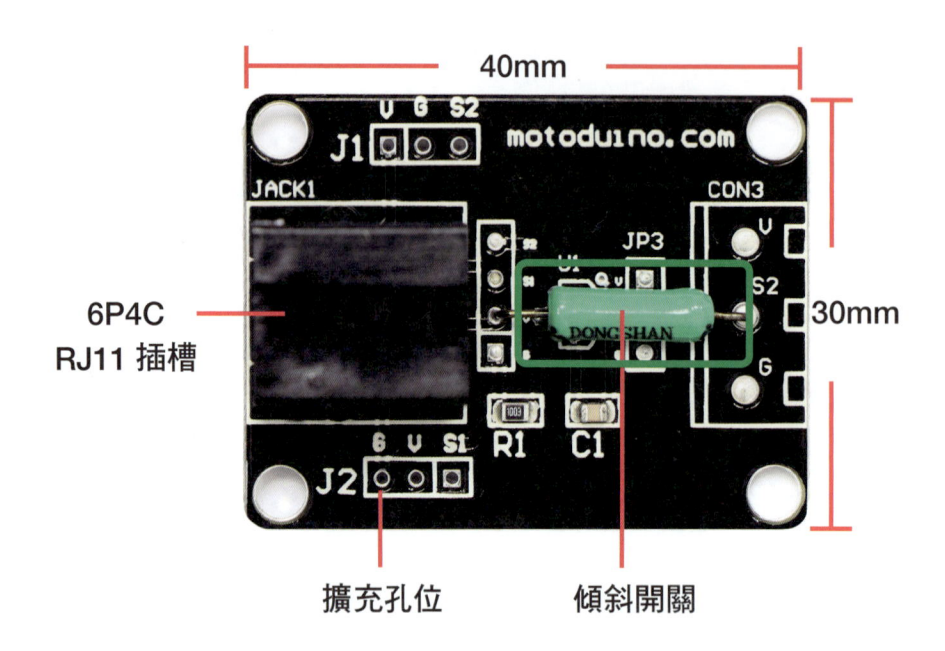

如上圖所示，傾斜開關作動的原理是利用綠框中的元件裡有一顆小鋼珠可以滾動的特性，通過地心引力使小鋼珠向低處滾動，藉此讓開關能夠進行開啟（ON）或關閉（OFF）的動作，因此也可以作為簡單的傾角感測器使用。傾斜開關利用高／低型態（HIGH／LOW）的變化來判別所偵測的物體是否遭到傾斜，因此其訊號傳輸型式是為數位（Digital）型態，而這些狀態也都隨時會回報給 Arduino 開發板，因此對於 Arduino 而言，傾斜開關也和微動、磁簧兩種開關一樣，是屬於「數位輸入」裝置的一種，也因此傾斜開關若搭配 Sensor Board 使用，建議將其安裝在同屬數位腳位的 D4/D3 或 D8/D7 其中一個 RJ11 插槽中。

當此款傾斜開關傾斜至某一邊（不固定哪一邊，視每個傾斜元件被焊上去的方向為準）時，傾斜開關回傳給 Arduino 開發板的狀態會是 HIGH；而當傾斜開關傾斜至另一邊時，則回傳給 Arduino 開發板的狀態會變成 LOW。

範例 5 ｜ 傾斜開關與單色 LED

20 分鐘

自動方向燈系統。

本範例將利用傾斜開關可以感測物體傾斜的特性，搭配 Sensor Board 上單色 LED 最右邊的綠燈（D5）以及最左邊的紅燈（D10），再加上蜂鳴器（D9）來做一個模擬汽車轉彎時的自動方向燈系統。如下圖所示，本例將傾斜開關接到 Sensor Board 的 D4/D3 RJ11 插槽中，因此該傾斜開關的程式對應腳位為 D3。

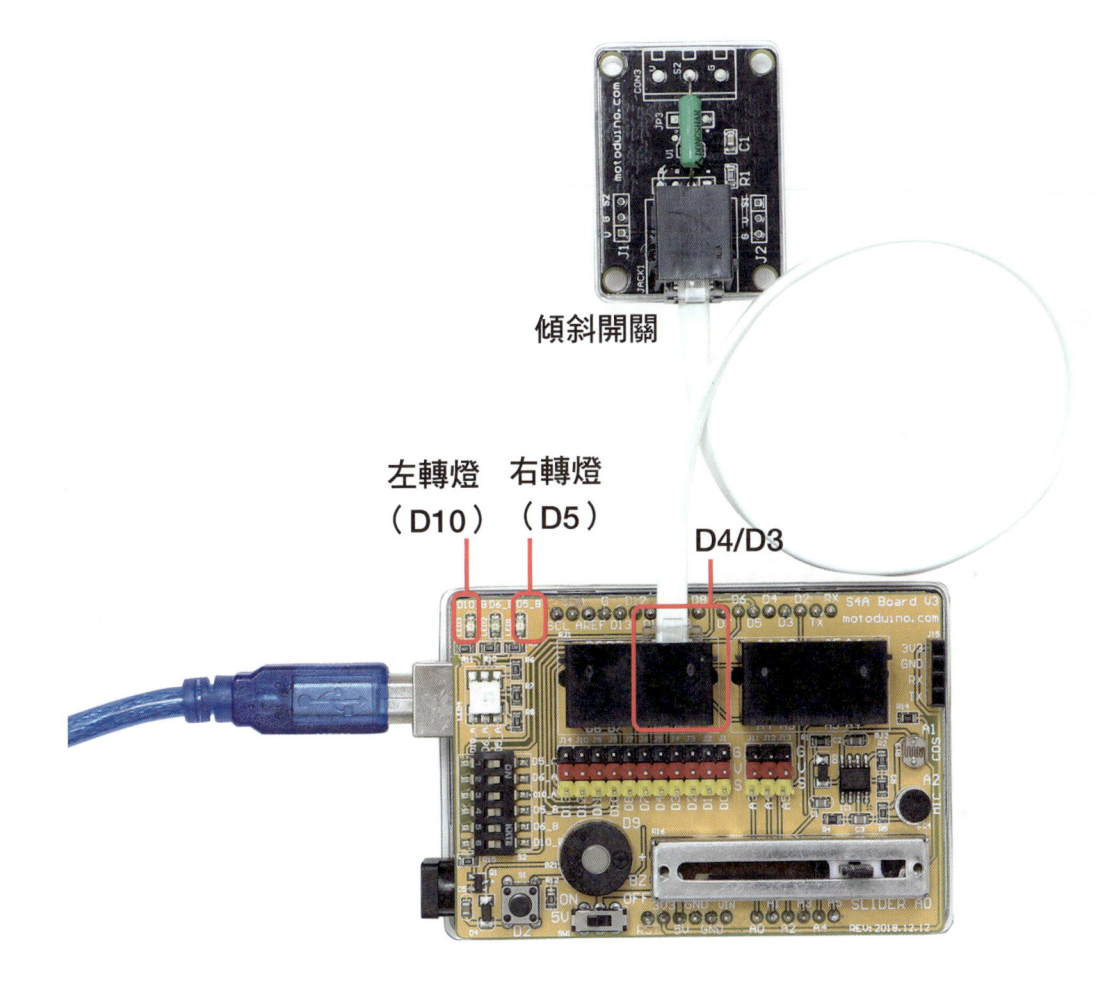

傾斜開關

左轉燈（D10）　右轉燈（D5）　D4/D3

操作流程

1. 當方向盤（傾斜開關，D3）逆時針旋轉時，表示車子要左轉了，讓左邊的方向燈（D10，單色 LED 紅燈）開始閃爍，蜂鳴器（D9）也間歇響起提醒後方來車。

2. 當方向盤（傾斜開關，D3）順時針旋轉時，表示車子要右轉了，讓右邊的方向燈（D5，單色 LED 綠燈）開始閃爍，蜂鳴器（D9）也間歇響起提醒後方來車。

3. 反覆偵測傾斜開關（D3）的狀態，並依其狀態執行步驟 1 或步驟 2。

motoBlockly 篇

屬於數位輸入裝置的傾斜開關，其在 motoBlockly 對應的程式積木一樣是位在「腳位輸入／輸出」群組中「數位」選項裡的 `數位讀出腳位 0`。

motoBlockly 完整程式碼

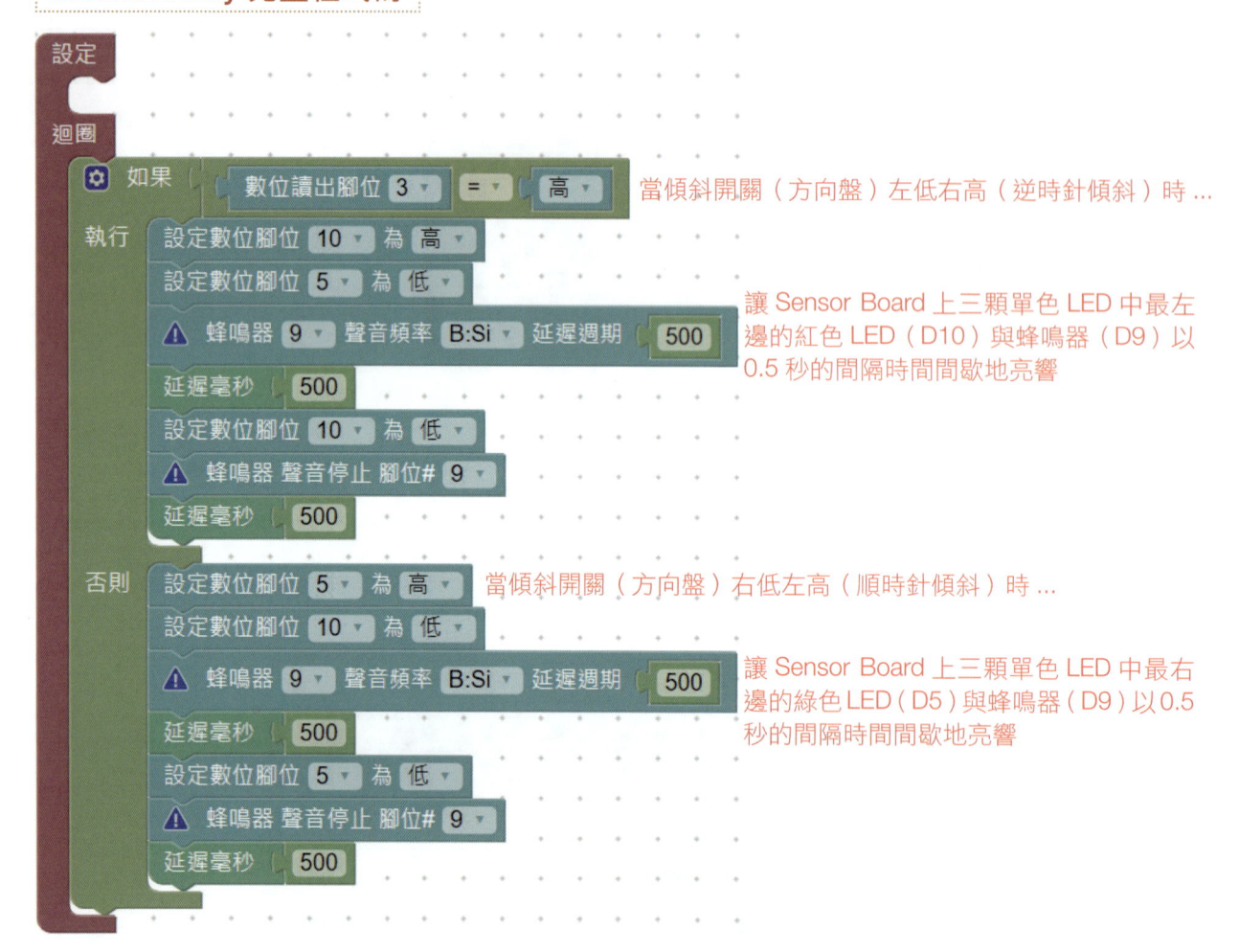

設定

迴圈

如果 `數位讀出腳位 3` = `高`
→ 當傾斜開關（方向盤）左低右高（逆時針傾斜）時...

執行
- 設定數位腳位 10 為 高
- 設定數位腳位 5 為 低
- 蜂鳴器 9 聲音頻率 B:Si 延遲週期 500
- 延遲毫秒 500
- 設定數位腳位 10 為 低
- 蜂鳴器 聲音停止 腳位# 9
- 延遲毫秒 500

→ 讓 Sensor Board 上三顆單色 LED 中最左邊的紅色 LED（D10）與蜂鳴器（D9）以 0.5 秒的間隔時間間歇地亮響

否則
- 設定數位腳位 5 為 高
- 設定數位腳位 10 為 低
- 蜂鳴器 9 聲音頻率 B:Si 延遲週期 500
- 延遲毫秒 500
- 設定數位腳位 5 為 低
- 蜂鳴器 聲音停止 腳位# 9
- 延遲毫秒 500

→ 當傾斜開關（方向盤）右低左高（順時針傾斜）時...

→ 讓 Sensor Board 上三顆單色 LED 中最右邊的綠色 LED（D5）與蜂鳴器（D9）以 0.5 秒的間隔時間間歇地亮響

Arduino C 程式碼與功能相關說明

```
1  void setup()
2  {
3      pinMode(3, INPUT);        //設定可讀取傾斜開關狀態的D3腳位為輸入模式
4      pinMode(10, OUTPUT);      //設定可控制紅色LED的D10腳位為輸出模式
5      pinMode(5, OUTPUT);       //設定可控制綠色LED的D5腳位為輸出模式
6      pinMode(9, OUTPUT);       //設定可控制蜂鳴器的D9腳位為輸出模式
7  }
8
9  void loop()
10 {
11     //當傾斜開關(方向盤)左低右高(逆時針傾斜)時...
12     if (digitalRead(3) == HIGH) {
13         digitalWrite(10,HIGH);   //點亮三顆單色LED中最左邊的D10腳位紅色LED(左轉號誌燈)
14         digitalWrite(5,LOW);     //關閉的D5腳位的綠色LED
15         tone(9,988,500);         //讓D9腳位蜂鳴器響起警示音
16         delay(500);              //讓D10紅色LED與D9蜂鳴器維持開啟狀態0.5秒
17         digitalWrite(10,LOW);    //關閉三顆單色LED中最左邊的D10腳位紅色LED(左轉號誌燈)
18         noTone(9);               //關閉D9腳位的蜂鳴器
19         delay(500);              //讓D10紅色LED與D9蜂鳴器維持關閉狀態0.5秒
20     //當傾斜開關(方向盤)右低左高(順時針傾斜)時...
21     } else {
22         digitalWrite(5,HIGH);    //點亮三顆單色LED中最右邊的D5腳位綠色LED(右轉號誌燈)
23         digitalWrite(10,LOW);    //關閉的D10腳位的紅色LED
24         tone(9,988,500);         //讓D9腳位蜂鳴器響起警示音
25         delay(500);              //讓D5綠色LED與D9蜂鳴器維持開啟狀態0.5秒
26         digitalWrite(5,LOW);     //關閉三顆單色LED中最右邊的D5腳位綠色LED(右轉號誌燈)
27         noTone(9);               //關閉D9腳位的蜂鳴器
28         delay(500);              //讓D5綠色LED與D9蜂鳴器維持關閉狀態0.5秒
29     }
30 }
```

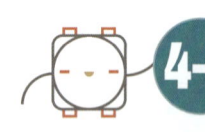

4-7 XY 雙軸類比搖桿模組

類比搖桿模組簡介

　　在前面介紹那麼多「數位輸入」的外接感測模組之後，接下來終於要迎來第一個「類比輸入」的外接感測器：XY 雙軸類比搖桿模組（XY Joystick）。如下圖所示，搖桿模組其實是很常見的控制元件，在很多遊戲機的控制模組上都可以看到它的身影，其主要功能是讓使用者可以藉由搖桿上下左右的移動來控制電玩角色移動的方向；因此即便是沒有打過電玩遊戲機的人，大概也都了解它的使用方式與用途。

　　此款 XY 雙軸類比搖桿模組據慧手科技官網中的技術規格資料顯示，該模組的訊號傳輸型式是為類比（Analog）型態。此搖桿模組運作的原理與 10k 可變電阻類似，藉由 XY 雙軸搖桿不同的傾斜角度，可讓 X 軸與 Y 軸分別輸出 0 ～ 1023 範圍間的類比訊號，而這些類比訊號會回傳至 Arduino 開發板中，所以 XY 雙軸類比搖桿模組對於 Arduino 而言，是一種「類比輸入」裝置。也因此它必須被連結至 Arduino 開發板的類比腳位上（即 Sensor Board 上的 A4/A3 或 A5/A4 類比 RJ11 插槽）。

　　另外，由於搖桿模組一個元件便同時可輸入 X 軸及 Y 軸的個別類比訊號給 Arduino 開發板，因此不論搖桿模組與 Sensor Board 的 A4/A3 或 A5/A4 中的哪一個 RJ11 插槽互接，該 RJ11 插槽中的兩個類比腳位都會被使用到（搖桿模組直立時，腳位數字小的代表 X 軸數值，腳位數字大的則代表 Y 軸數值），意即兩個腳位同時都可讀到搖桿模組所提供的數值。

XY 雙軸類比搖桿模組

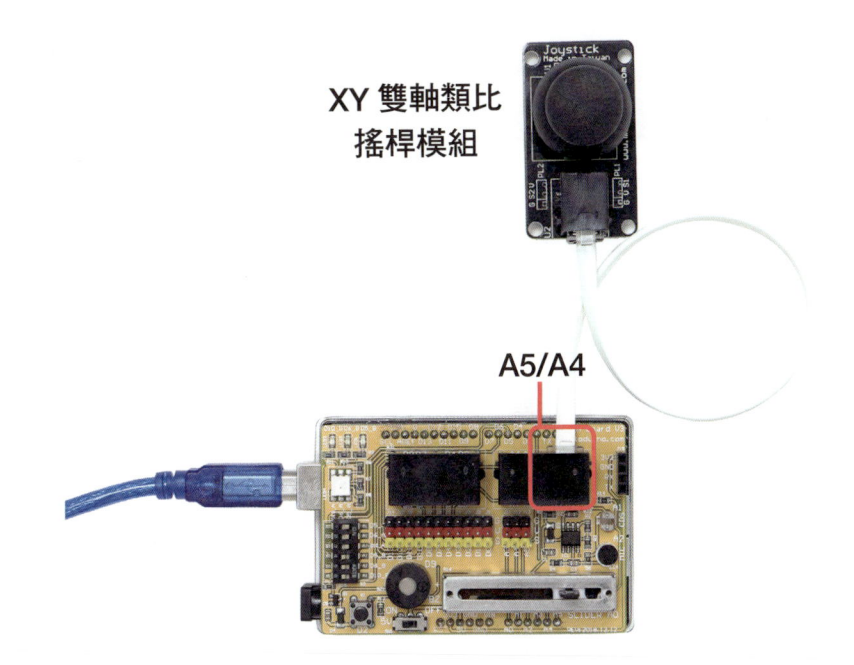

A5/A4

　　如上圖所示，若我們將搖桿模組外接至 Sensor Board 的 A5/A4 RJ11 插槽中再測試，其 X 軸與 Y 軸類比訊號輸出的結果會如下圖所示。當搖桿模組以下圖所示的直立方向進行操作時，X 軸（此時腳位為 A4）的數值會由左至右慢慢增加，其數值範圍會落在 0～1023 之間（有時會因硬體誤差造成最大值無法到達 1023，不過也會很接近）；Y 軸（此時腳位為 A5）的數值會由上至下慢慢增加，其數值範圍也會落在 0～1023 之間。而當搖桿置中時，X 軸（A4）與 Y 軸（A5）的數值約會落在 500～520 之間，但因硬體製作時會有誤差的關係，每個 XY 雙軸類比搖桿置中的數值可能會略有不同，建議使用前先測試一下會比較確定。

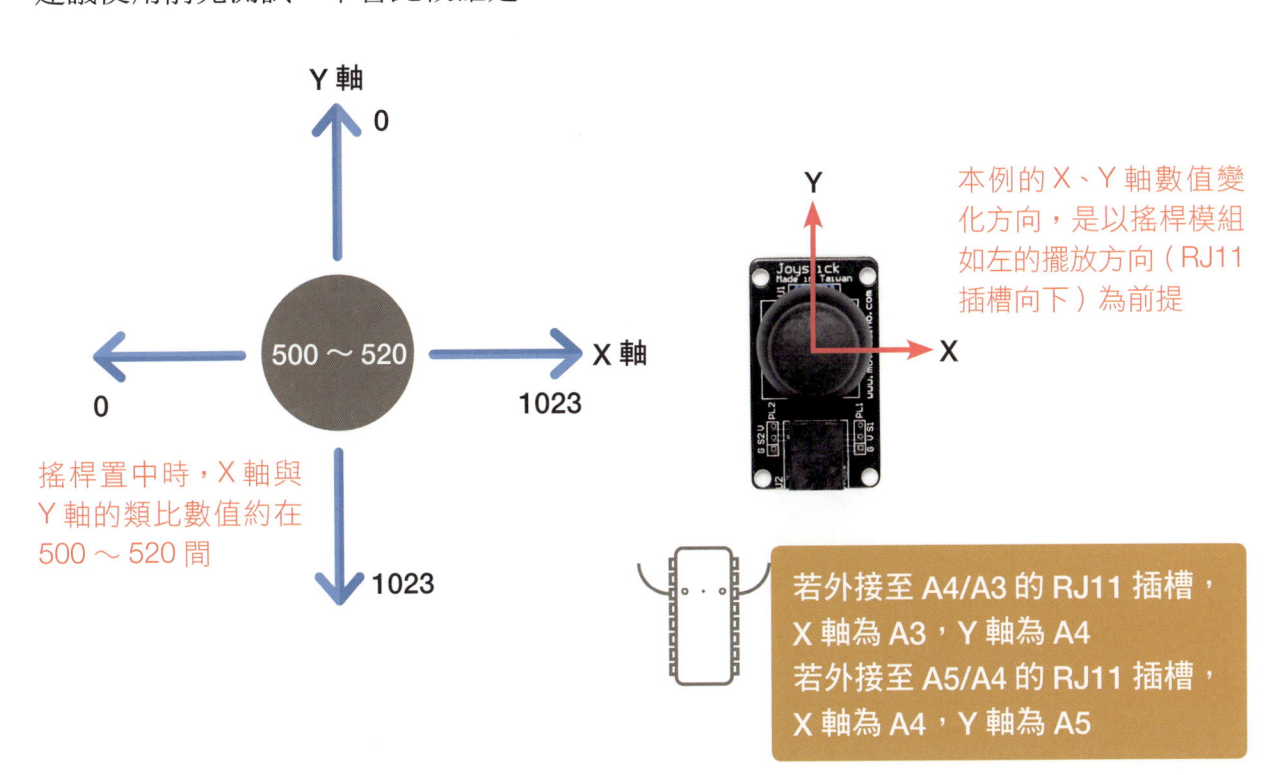

Y 軸 0

500～520 → **X 軸**
0　　　　　1023

1023

搖桿置中時，X 軸與 Y 軸的類比數值約在 500～520 間

本例的 X、Y 軸數值變化方向，是以搖桿模組如左的擺放方向（RJ11 插槽向下）為前提

若外接至 A4/A3 的 RJ11 插槽，X 軸為 A3，Y 軸為 A4
若外接至 A5/A4 的 RJ11 插槽，X 軸為 A4，Y 軸為 A5

範例 6 ｜ XY 雙軸搖桿模組與蜂鳴器

20 分鐘

搖桿電子琴。

　　搖桿一般都是用來控制物體的方向，但這次我們做點不一樣的應用。我們利用搖桿模組的 4 個方向，搭配 Sensor Board 上的按鈕沒按／有按之排列組合，藉此做出一個可讓蜂鳴器奏出 8 個音階的搖桿電子琴。

操作流程

當搖桿往上，Y 軸（A5）數值小於 100 時
Sensor Board 按鈕沒按：發出 Re
Sensor Board 按鈕有按：發出 La

當搖桿往左，X 軸（A4）數值
小於 100 時
Sensor Board 按鈕沒按：發出 Me
Sensor Board 按鈕有按：發出 Si

搖桿置中
沒有聲音

當搖桿往右，X 軸（A4）數值
大於 900 時
Sensor Board 按鈕沒按：發出 Do
Sensor Board 按鈕有按：發出 So

當搖桿往下，Y 軸（A5）數值大於 900 時
Sensor Board 按鈕沒按：發出 Fa
Sensor Board 按鈕有按：發出 Do（高音）

motoBlockly 篇

屬於類比輸入裝置的 XY 雙軸搖桿模組，在 motoBlockly 使用的程式積木是位在「腳位輸入／輸出」群組中「類比」選項裡的 類比讀出腳位 A0 。

motoBlockly 完整程式碼

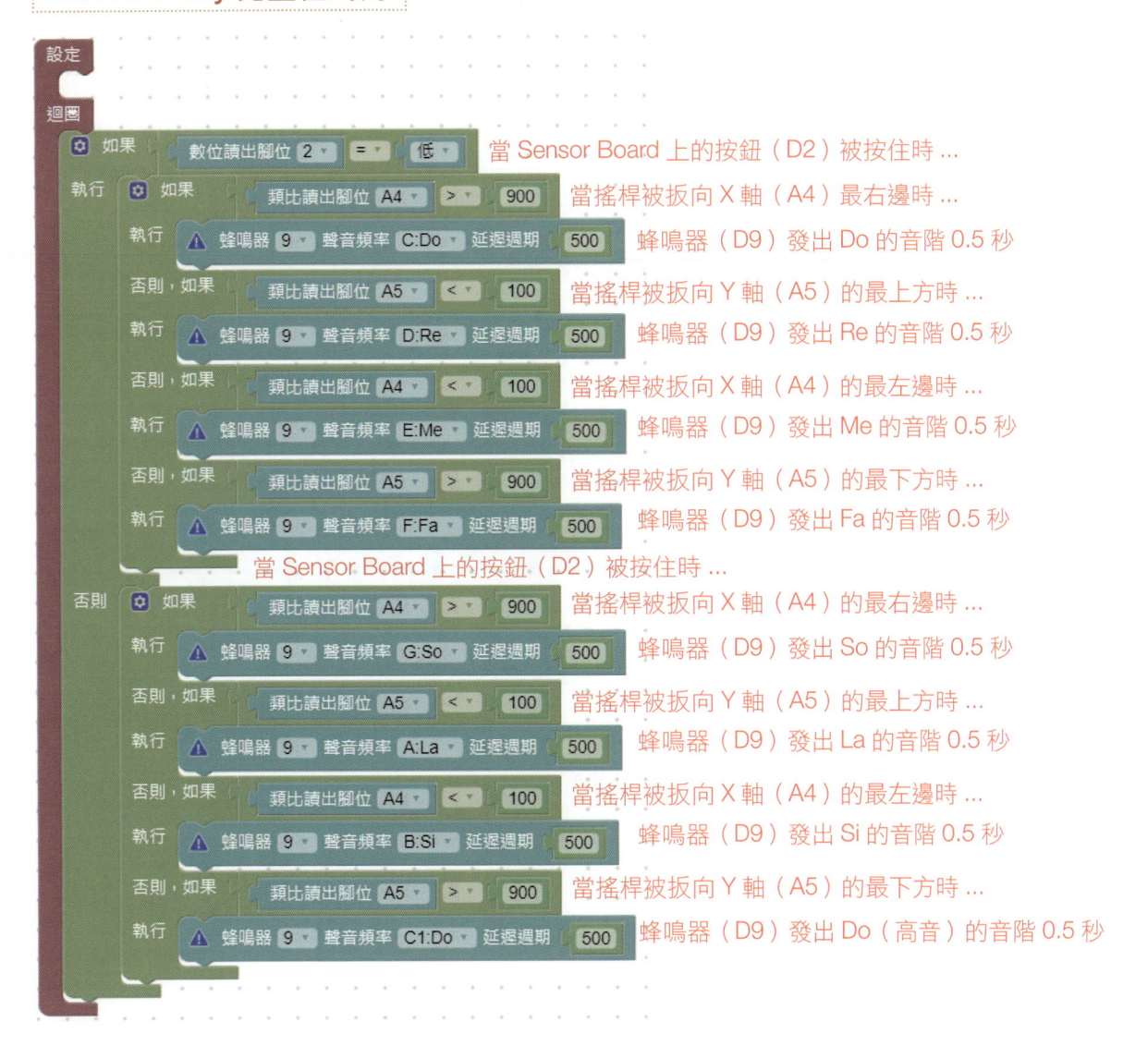

設定
迴圈
　如果　數位讀出腳位 2 = 低　　　當 Sensor Board 上的按鈕（D2）被按住時 …
　執行　如果　類比讀出腳位 A4 > 900　　當搖桿被扳向 X 軸（A4）最右邊時 …
　　　　執行　蜂鳴器 9 聲音頻率 C:Do 延遲週期 500　蜂鳴器（D9）發出 Do 的音階 0.5 秒
　　　　否則，如果　類比讀出腳位 A5 < 100　　當搖桿被扳向 Y 軸（A5）的最上方時 …
　　　　執行　蜂鳴器 9 聲音頻率 D:Re 延遲週期 500　蜂鳴器（D9）發出 Re 的音階 0.5 秒
　　　　否則，如果　類比讀出腳位 A4 < 100　　當搖桿被扳向 X 軸（A4）的最左邊時 …
　　　　執行　蜂鳴器 9 聲音頻率 E:Me 延遲週期 500　蜂鳴器（D9）發出 Me 的音階 0.5 秒
　　　　否則，如果　類比讀出腳位 A5 > 900　　當搖桿被扳向 Y 軸（A5）的最下方時 …
　　　　執行　蜂鳴器 9 聲音頻率 F:Fa 延遲週期 500　蜂鳴器（D9）發出 Fa 的音階 0.5 秒
　　　　　　　　　　　　　　　　　　　　　　　當 Sensor Board 上的按鈕（D2）被按住時 …
　否則　如果　類比讀出腳位 A4 > 900　　當搖桿被扳向 X 軸（A4）的最右邊時 …
　　　　執行　蜂鳴器 9 聲音頻率 G:So 延遲週期 500　蜂鳴器（D9）發出 So 的音階 0.5 秒
　　　　否則，如果　類比讀出腳位 A5 < 100　　當搖桿被扳向 Y 軸（A5）的最上方時 …
　　　　執行　蜂鳴器 9 聲音頻率 A:La 延遲週期 500　蜂鳴器（D9）發出 La 的音階 0.5 秒
　　　　否則，如果　類比讀出腳位 A4 < 100　　當搖桿被扳向 X 軸（A4）的最左邊時 …
　　　　執行　蜂鳴器 9 聲音頻率 B:Si 延遲週期 500　蜂鳴器（D9）發出 Si 的音階 0.5 秒
　　　　否則，如果　類比讀出腳位 A5 > 900　　當搖桿被扳向 Y 軸（A5）的最下方時 …
　　　　執行　蜂鳴器 9 聲音頻率 C1:Do 延遲週期 500　蜂鳴器（D9）發出 Do（高音）的音階 0.5 秒

Arduino C 程式碼與功能相關說明

```
void setup()
{
    pinMode(2, INPUT);      //設定可讀取按鈕狀態的D2腳位為輸入模式
    pinMode(A4, INPUT);     //設定可讀取搖桿模組X軸數據的A4腳位為輸入模式
    pinMode(9, OUTPUT);     //設定可控制蜂鳴器的D9腳位為輸出模式
    pinMode(A5, INPUT);     //設定可讀取搖桿模組Y軸數據的A5腳位為輸入模式
}

void loop()
{
    if (digitalRead(2) == LOW) { //當D2腳位的按鈕沒被按住時...
        if (analogRead(A4) > 900) {         //搖桿直立時,當搖桿的X軸(A4)被推向最右邊時...
            tone(9,523,500);    //D9腳位蜂鳴器發出Do的聲音
        } else if (analogRead(A5) < 100) {  //搖桿直立時,當搖桿的Y軸(A5)被推向最上面時...
            tone(9,587,500);    //D9腳位蜂鳴器發出Re的聲音
        } else if (analogRead(A4) < 100) {  //搖桿直立時,當搖桿的X軸(A4)被推向最左邊時...
            tone(9,659,500);    //D9腳位蜂鳴器發出Me的聲音
        } else if (analogRead(A5) > 900) {  //搖桿直立時,當搖桿的Y軸(A5)被推向最下面時...
            tone(9,698,500);    //D9腳位蜂鳴器發出Fa的聲音
        }
    } else {                                //當D2腳位的按鈕被按住時...
        if (analogRead(A4) > 900) {         //搖桿直立時,當搖桿的X軸(A4)被推向最右邊時...
            tone(9,784,500);    //D9腳位蜂鳴器發出So的聲音
        } else if (analogRead(A5) < 100) {  //搖桿直立時,當搖桿的Y軸(A5)被推向最上面時...
            tone(9,880,500);    //D9腳位蜂鳴器發出La的聲音
        } else if (analogRead(A4) < 100) {  //搖桿直立時,當搖桿的X軸(A4)被推向最左邊時...
            tone(9,988,500);    //D9腳位蜂鳴器發出Si的聲音
        } else if (analogRead(A5) > 900) {  //搖桿直立時,當搖桿的Y軸(A5)被推向最下面時...
            tone(9,1046,500);   //D9腳位蜂鳴器發出Do(高音)的聲音
        }
    }
}
```

實作題

1 防拖吊警報器

由於汽車被拖吊時，車子會頭下腳上的傾向一邊。因此請設計一個程式，若將傾斜開關裝置在 D4/D3 的 RJ11 連接埠，當傾斜開關的狀態突然改變為高（回傳值為 HIGH）時，蜂鳴器便會發出警報聲來提醒車主車子的狀況。

創客指標

外形	機構	電控	程式	通訊	AI	創客總數
0	0	2	3	0	0	5

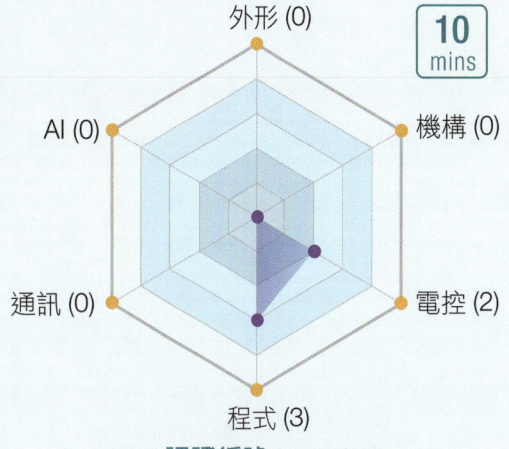

10 mins

- 外形 (0)
- 機構 (0)
- 電控 (2)
- 程式 (3)
- 通訊 (0)
- AI (0)

MLC 認證編號：A012005

2 風扇搖桿控制系統

請設計一個程式，將類比搖桿模組裝置在 A4/A3 的 RJ11 連接埠，當搖桿往右扳動時，風扇以順時針旋轉；當搖桿往左扳動時，風扇以逆時針旋轉；搖桿置中時，風扇停止。

創客指標

外形	機構	電控	程式	通訊	AI	創客總數
1	2	2	3	0	0	8

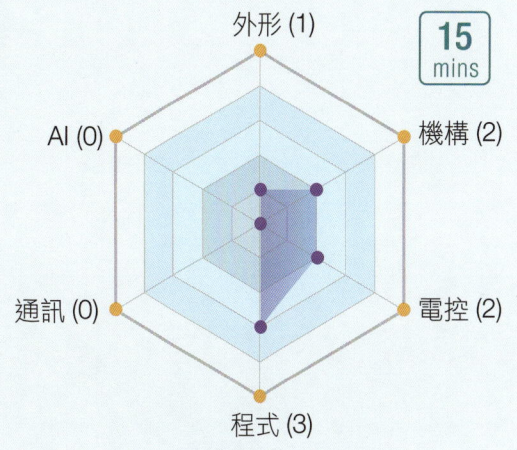

15 mins

- 外形 (1)
- 機構 (2)
- 電控 (2)
- 程式 (3)
- 通訊 (0)
- AI (0)

MLC 認證編號：A012007

第 5 章
Arduino 外接元件應用介紹 II

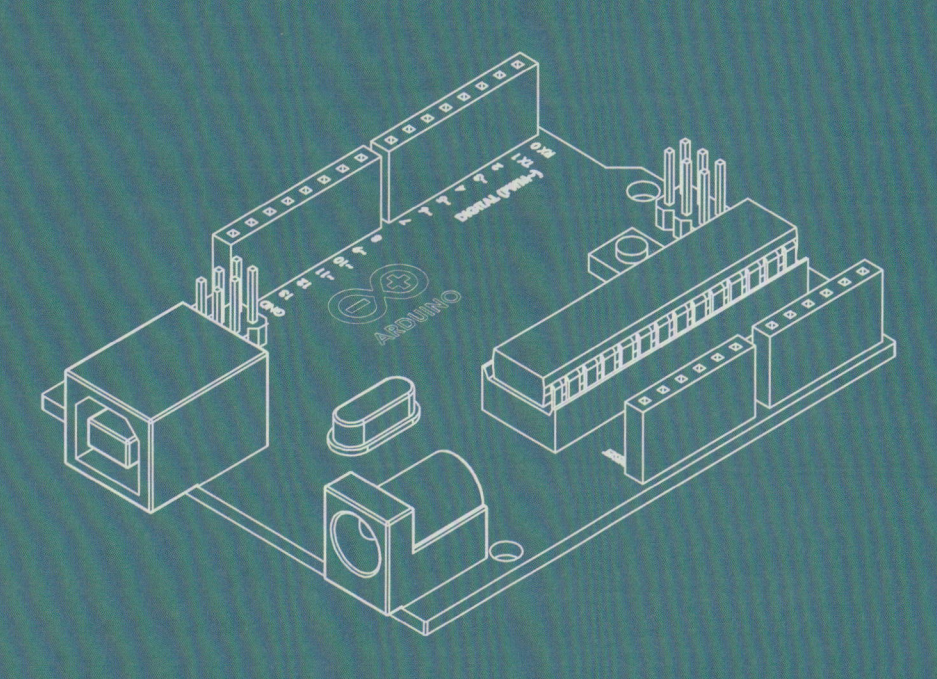

將 Arduino 開發板與溫溼度感測套件組、液晶顯示器、超音波距離感測器等外接元件相互結合，並利用 motoBlockly 及 mBlock 圖形化的程式編輯介面，自行發想設計出更貼近生活應用的實例，並透過數值的變化，打造出更簡單、高效的智慧生活！

另有提供 mBlock 範例程式檔

5-1 溫溼度感測套件組

除了前面所學過的光與聲音的感測外，Arduino 開發板其實還支援許多可以量測環境中特定數值的外接感測模組，例如溫度與溼度的感測。因為這些溫溼度感測模組的使用方法相近，所以將在本章節中一併介紹。如下圖所示，本單元要介紹的三個溫溼度感測模組，分別是可測量溫度的 LM35 溫度感測模組、可量測溼度的土壤溼度感測器及雨滴感測器。

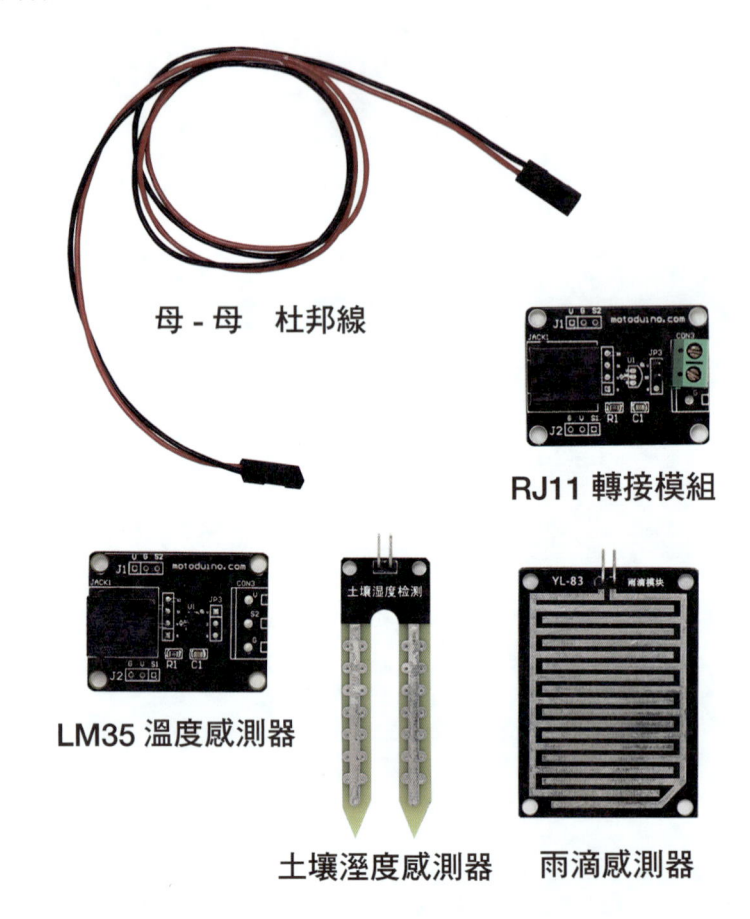

母-母 杜邦線

RJ11 轉接模組

LM35 溫度感測器

土壤溼度感測器　雨滴感測器

因為以上這三種溫溼度感測模組，均可回傳給 Arduino 開發板不同的類比感測值，所以這三個感測模組都屬於 Arduino 的「類比輸入」裝置，也因此 Sensor Board 的 A4/A3 或 A5/A4 插槽都是它們可以藉由 RJ11 來與 Arduino 溝通的腳位。另外，由於此類溫溼度感測模組只需透過一條訊號線便可回傳感測值給 Arduino 開發板，所以當它們被接到具有兩個腳位的 Sensor Board RJ11 插槽時，均可透過 Arduino 相關軟體的「讀取類比腳位數值」程式積木來讀取對應的腳位回傳值，只是需要在程式積木中選擇數字較小的那個腳位才可以（即感測器若插在 A4/A3 的 RJ11 插槽時，程式積木的腳位要選擇 A3；感測器若插在 A5/A4 的 RJ11 插槽時，積木腳位則需選擇 A4）。

LM35 線性溫度感測模組簡介

硬體部分首先要介紹的是 LM35 線性溫度感測模組。如下圖所示，這個溫度感測模組是利用 LM35 這顆線性電壓（輸出電壓與溫度成正比）變化型的溫度感測元件來量測溫度，不過由於經由它量測出來的數值並不能直接拿來使用，因此還需做個簡單的數學換算才能得到正確的溫度值。

其換算公式如下：

溫度（攝氏）= LM35 線性溫度感測模組讀值 X 0.4883

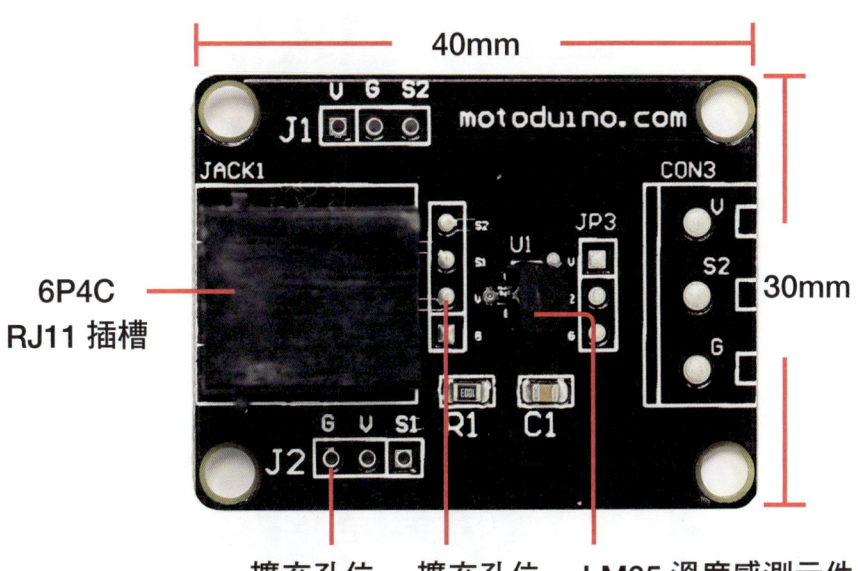

範例 1　LM35 溫度感測模組

15 分鐘

Arduino 溫度計。

　　瞭解了 LM35 線性溫度感測模組的工作原理及換算的公式之後，接下來就來做個簡單的練習。先將 LM35 溫度感測模組連接至 Sensor Board 的 A4/A3 RJ11 插槽（此時程式控制對應腳位為 A3），再試著把模組量測到的數值轉換成正確的溫度，並將結果顯示在 Arduino IDE 的序列埠監控視窗中。

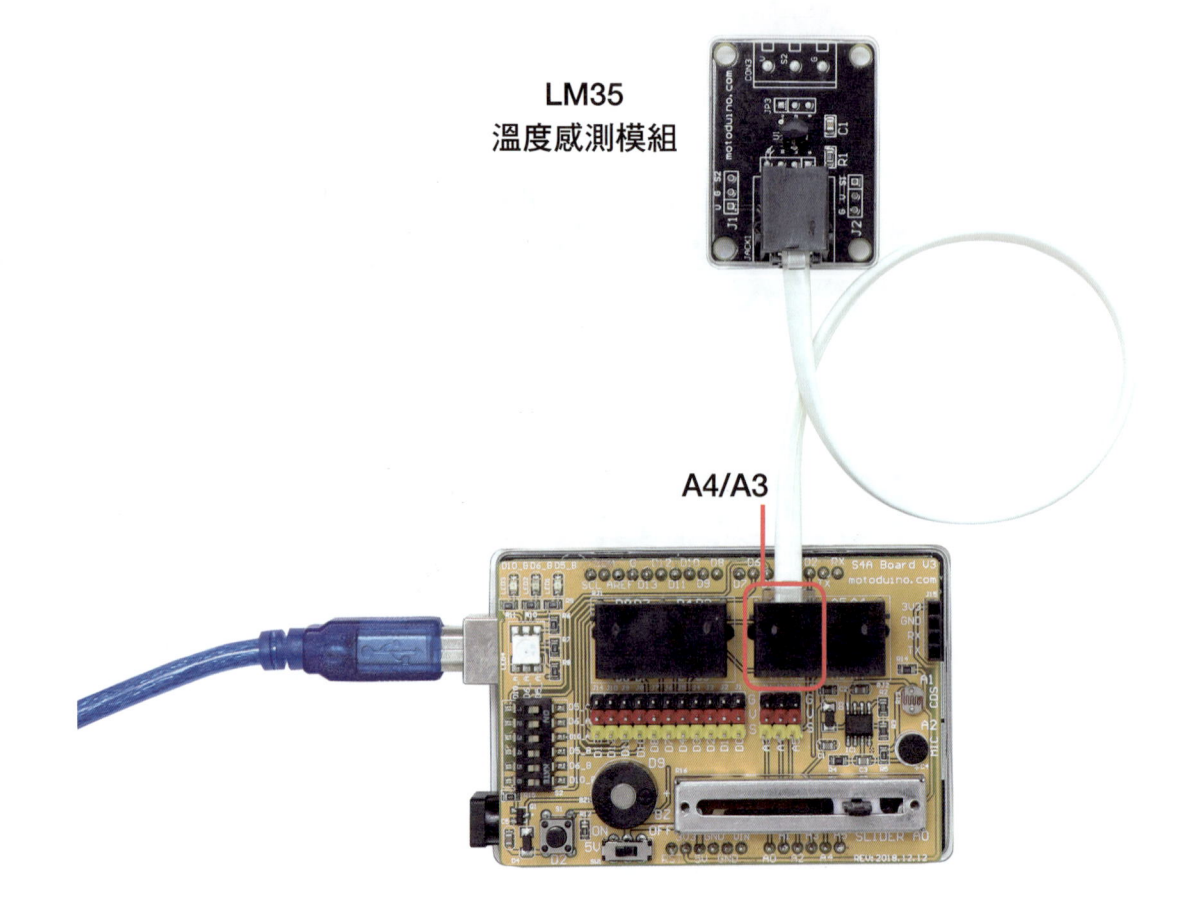

操作流程

1. 取得 LM35 線性溫度感測模組（A3）的量測值，並將其換算成正確的溫度（A3 讀值 x0.4883）。
2. 將換算後的正確溫度從序列埠中列印出來（列印訊息：It's 溫度 oC now!）。
3. 每隔 1 秒，重複步驟 1～2。

motoBlockly 篇

motoBlockly 完整程式碼

設定
　設定串列埠 Serial　傳輸率 9600 bps　　設定串列埠傳輸率。(本範例設為 9600)
迴圈
　印出訊息到同一行　" It's "　　　　　　將 LM35 溫度感測器（A3）量測到的
　印出訊息到同一行　類比讀出腳位 A3 × 0.4883　數值換算成正確的溫度，並顯示之
　印出訊息後換行　" oC now! "　　　此字串顯示完畢後換行
　延遲毫秒 1000

在完成程式堆疊並將其上傳程式至 Arduino 後，便可開啟 Arduino IDE 的「序列埠監控視窗」來觀看正確的溫度數值。不過還得先在「工具」選項中設定好『板子』型號及『序列埠』位置（如下圖紅框處），並將序列埠監控視窗右下角的 baud rate 調整到與程式積木設定的串列埠傳輸率一樣（本例傳輸率設為 9600），否則會無法看到 Arduino 送出的訊息。

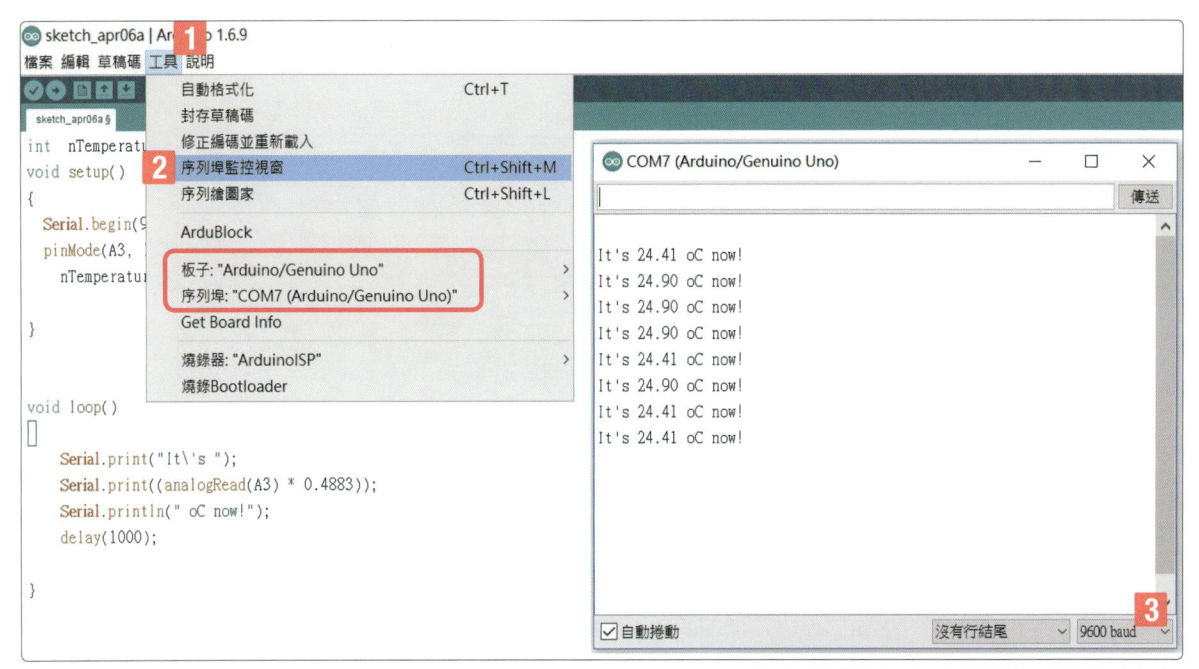

此處傳輸速率的選擇，需和程式設定的數值相同才能看到訊息

Arduino C 程式碼與功能相關說明

```
1  void setup()
2  {
3      Serial.begin(9600);      //設定串列埠的傳輸速率為9600 bps
4      pinMode(A3, INPUT);      //設定可讀取LM35溫度感測器讀值的A3腳位為輸入模式
5  }
6
7  void loop()
8  {
9      //在序列埠監控視窗顯示A3腳位的LM35溫度感測器換算後("A3=A3讀值x0.4883")的溫度值，顯示完畢後換行
10     Serial.print("It\'s ");
11     Serial.print((analogRead(A3) * 0.4883));
12     Serial.println(" oC now!");
13     delay(1000);      //每1秒顯示一筆換算後的溫度值，以避免串列埠顯示數值太快
14 }
```

範例 2 ｜ LM35 溫度感測模組與直流馬達風扇　15 分鐘

自動風扇開關系統。

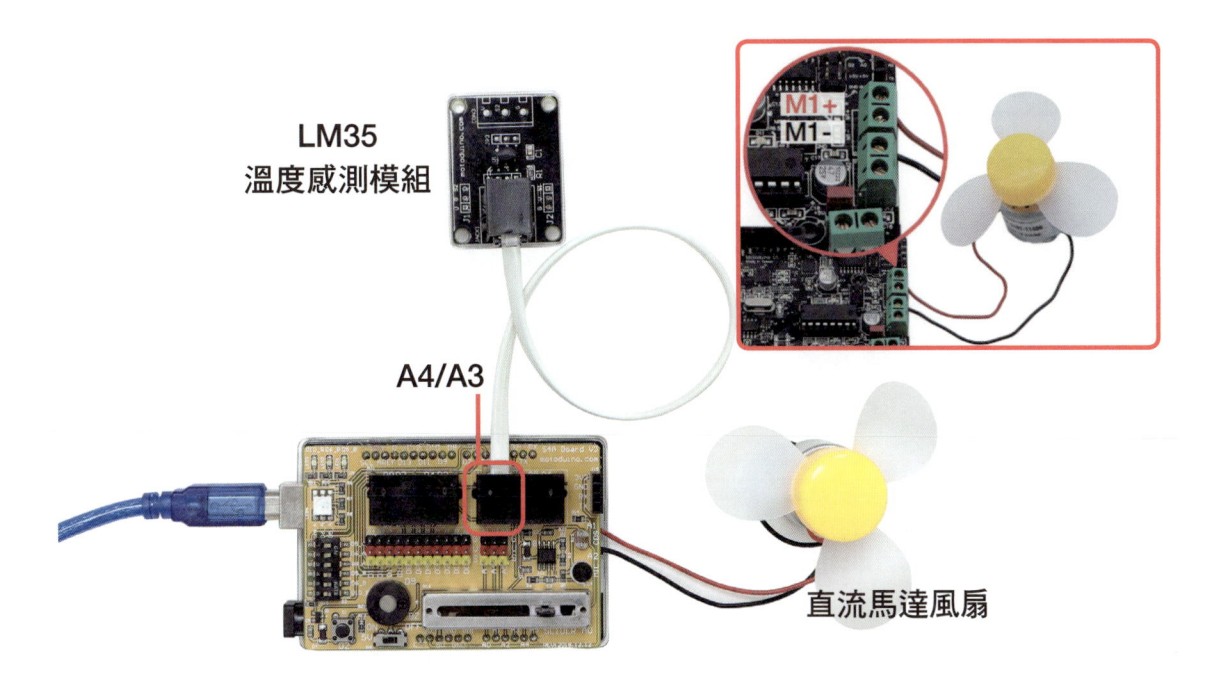

　　由於 LM35 線性溫度感測模組可以量測環境的即時溫度，因此可將其與直流馬達風扇配合，做出一個能自動開關的風扇降溫系統。如上圖所示，Arduino 可藉由 A3 腳位的 LM35 溫度感測模組所量測到的溫度，來決定是否開啟接在 U1 開發板 M1 位置的直流馬達風扇（轉向、轉速控制腳位分別為 D10、D5）。

操作流程

1. 在 Setup（）函式中宣告一個變數，將其用來存放開關風扇的臨界溫度值。
2. 使用滑桿可變電阻（A0）來調整設定開關風扇的臨界溫度值（攝氏 20～40 度），並將其存放至步驟 1 所宣告的變數中。
3. 取得 LM35 線性溫度感測模組（A3）的量測值並換算成正確的溫度（A3 回傳值 x0.4883）。
4. 若步驟 3 取得的溫度數值高於在步驟 2 設定的臨界溫度值，則開啟直流馬達風扇。
5. 若步驟 3 取得的溫度數值低於或等於在步驟 2 設定的臨界溫度值，則關閉直流馬達風扇。
6. 反覆執行步驟 2～5。

motoBlockly 篇

motoBlockly 完整程式碼

設定
宣告 nFanTemper 當 int 資料 0　　建立變數以存放風扇開關的臨界溫度值

迴圈
使用映射（.map）功能將可變電阻值（0～1023）換算成風扇開關的臨界溫度值（20～40）
賦值 nFanTemper 成　對應 類比讀出腳位 A0 數值 [0 - 1023] 到 [20 - 40]

如果　類比讀出腳位 A3 × 0.4883 > nFanTemper　　當換算後的溫度感測數值＞設定開啟風扇的臨界溫度值時…

執行　設定數位腳位 10 為 低
　　　設定類比腳位 5 資料 255　　開啟 M1 直流馬達風扇

當換算後的溫度感測數值＜＝設定開關風扇的臨界溫度值時…
否則　設定類比腳位 5 資料 0　　關閉 M1 直流馬達風扇

Arduino C 程式碼與功能相關說明

```
1  int  nFanTemper;      //建立變數以存放風扇開關的臨界溫度值
2  void setup()
3  {
4      pinMode(A0, INPUT);    //設定可讀取滑桿可變電阻數值的A0腳位為輸入模式
5      pinMode(A3, INPUT);    //設定可讀取LM35溫度感測器數值的A3腳位為輸入模式
6      pinMode(10, OUTPUT);   //設定可控制M1位置風扇轉向的D10腳位為輸出模式
7      pinMode(5, OUTPUT);    //設定可控制M1位置風扇轉速的D5腳位為輸出模式
8      nFanTemper = 0;
9  }
10
11 void loop()
12 {
13     //使用映射(map)功能將可變電阻值(0~1023)換算成風扇開關的臨界溫度值(20~40)
14     nFanTemper = (map(analogRead(A0),0,1023,20,40));
15     //當換算後的溫度感測數值 > 設定開關風扇的臨界溫度值時，開啟直流馬達風扇
16     if (analogRead(A3) * 0.4883 > nFanTemper) {
17         digitalWrite(10,LOW);   //將直流馬達風扇的轉向(D10腳位)設為順時針旋轉
18         analogWrite(5,255);     //將直流馬達風扇的轉速(D5腳位)設為255
19     }
20     //當換算後的溫度感測數值 <= 設定開關風扇的臨界溫度值時，關閉直流馬達風扇
21     else {
22         analogWrite(5,0);       //將直流馬達風扇的轉速(D5腳位)設為0(即風扇停止運轉)
23     }
24 }
```

雨滴與土壤溼度感測模組簡介

　　雨滴與土壤溼度感測模組這兩種感測器均是利用水可以導電的特性，藉此達到量測不同溼度的目的（當水分越多，感測元件的導電能力就越佳）。雖然兩者均是量測溼度的感測器，但外型卻大不相同。如下圖所示，雨滴感測模組因為通常是被用來監測戶外有沒有下雨的狀況發生，所以該感測器的表面積會比較大（因為這樣雨水才比較容易滴到上面）；而土壤溼度感測器顧名思義是用來感測土壤目前的溼度，因此將其做成魚叉狀會比較方便插進土裡來使用。

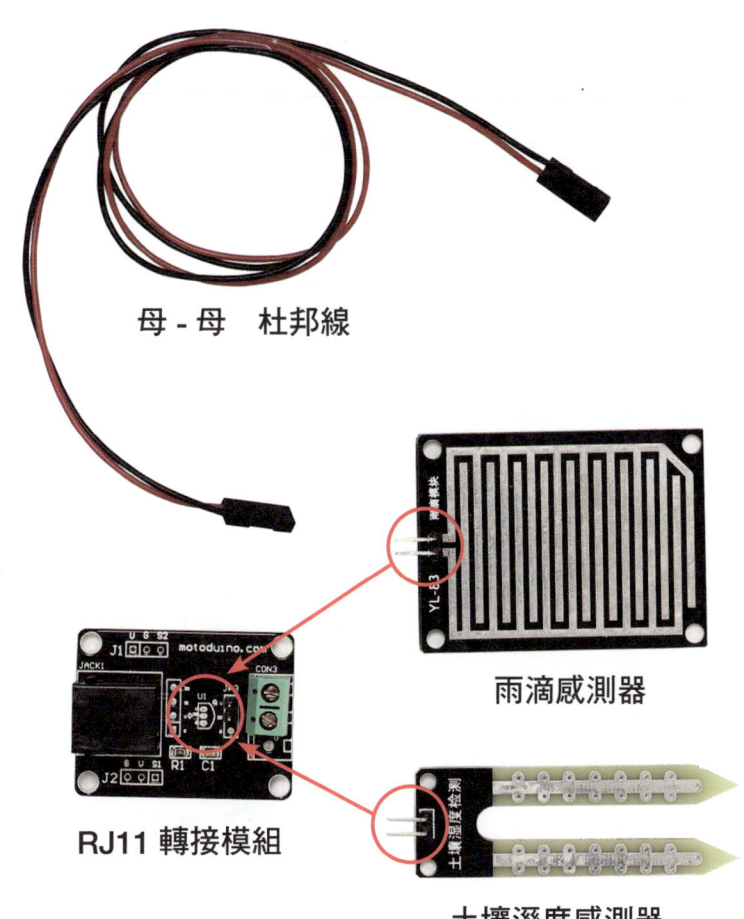

母 - 母　杜邦線

雨滴感測器

RJ11 轉接模組

土壤溼度感測器

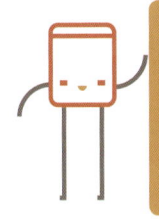

> RJ11 轉接模組利用母 - 母杜邦線連接雨滴感測器或土壤溼度感測器（沒有分正負極，任意連接即可）

另外，由於土壤溼度和雨滴感測器本身的硬體限制使其無法直接和 Arduino 開發板對接，因此必須先將它們以杜邦線連接至 RJ11 轉接模組、再以 6P4C 的 RJ11 線轉接至 Sensor Board 才能使用。請大家先依下圖所示的接線方式，將土壤溼度感測器和雨滴感測器連接到 Sensor Board 的 A5/A4 RJ11 插槽中，再來測試這兩個感測器的功能。

藉由簡單的測試可以發現：當土壤溼度感測器和雨滴感測器連接至 Sensor Board 後，若在乾燥的狀況下，兩者回傳給 Arduino 開發板的溼度感測值均會為 0，但若隨著兩個感測器上面的水分越來越多時，其回傳的數值也會越來越大。

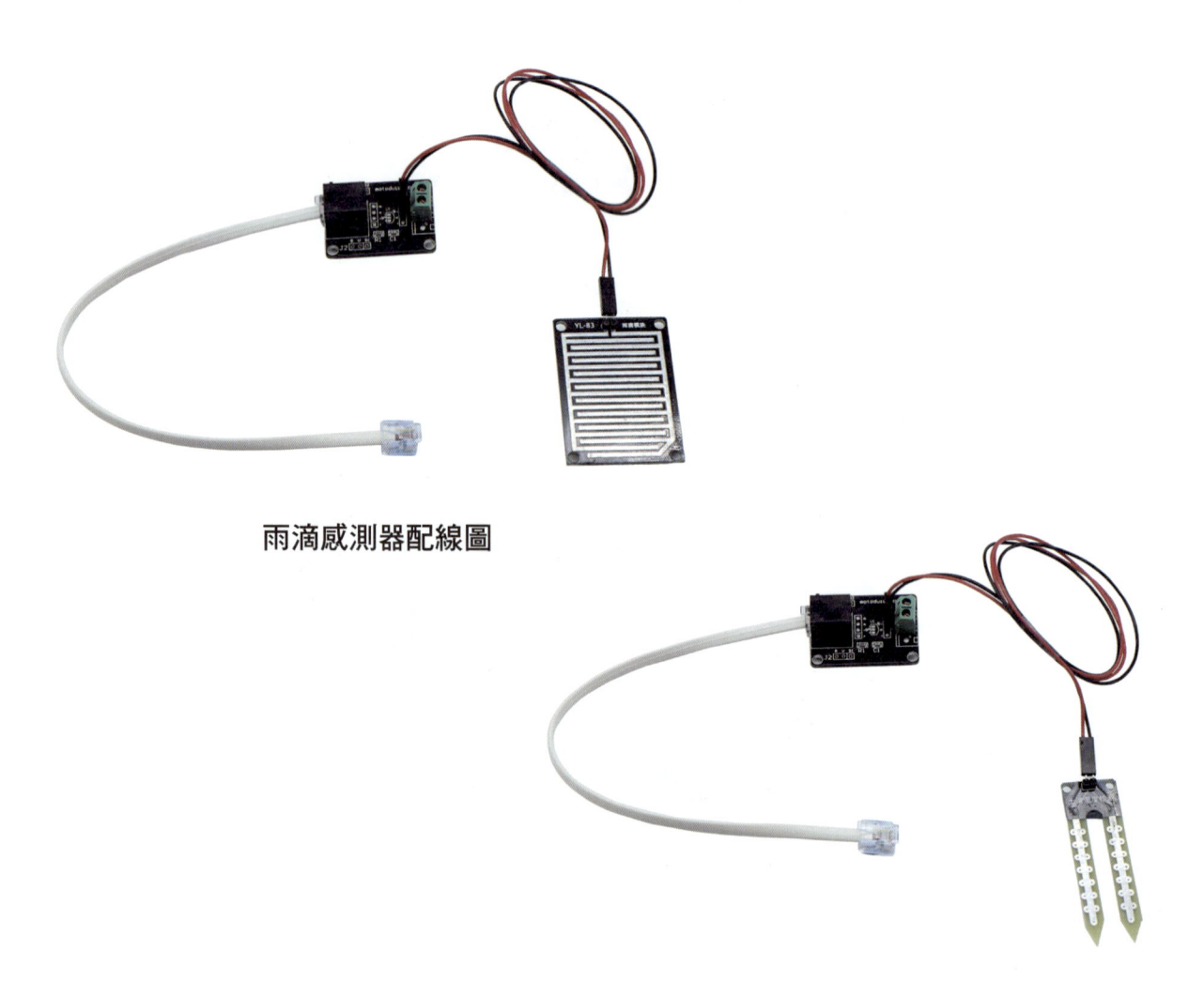

雨滴感測器配線圖

土壤溼度感測器配線圖

範例 3 | 雨滴感測模組與 SG90

15 分鐘

自動雨刷系統。

在雨中開車為了看清前方的狀況，通常會將車子的雨刷開啟以抹除擋風玻璃上的雨滴。由於雨滴感測器回傳的數值會與其感測到的溼度成正比，故藉此特性，便可將其搭配角度伺服馬達 SG90，自製一套在偵測到下雨時會自動啟動的汽車雨刷系統。如下圖所示，這次的練習會將雨滴感測器接至 Sensor Board 的 A5/A4 RJ11 插槽（因此程式讀取數值的腳位要選擇 A4），SG90 角度伺服馬達則連接至 Sensor Board 的排針 D8 腳位。

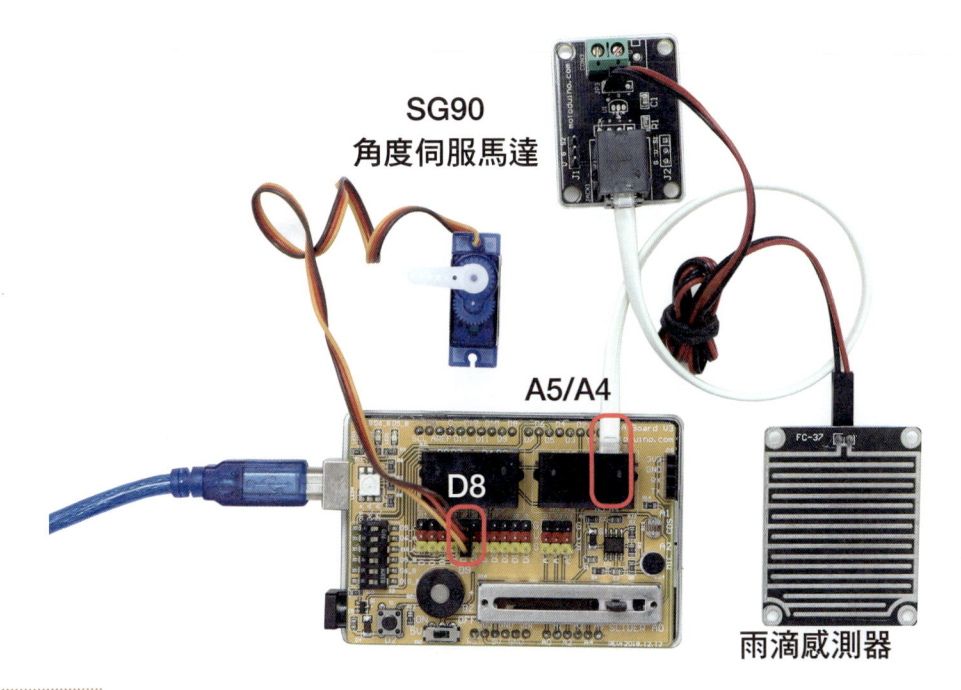

操作流程

1. SG90 伺服馬達（D8）回歸零度。
2. 不斷偵測雨滴感測器（A4）是否有被一定數量的雨水滴到（本例以 A4 回傳值是否有 >700 來判斷）。
3. 若有滴到一定數量的雨水（A4 回傳值 >700），角度伺服馬達會從 0 ～ 180 來回擺動一次。
4. 當雨水被擦拭掉或被太陽曬乾時（A4 回傳值 <=700），角度伺服馬達不做任何動作。
5. 反覆執行步驟 2 ～ 4。

motoBlockly 篇

motoBlockly 完整程式碼

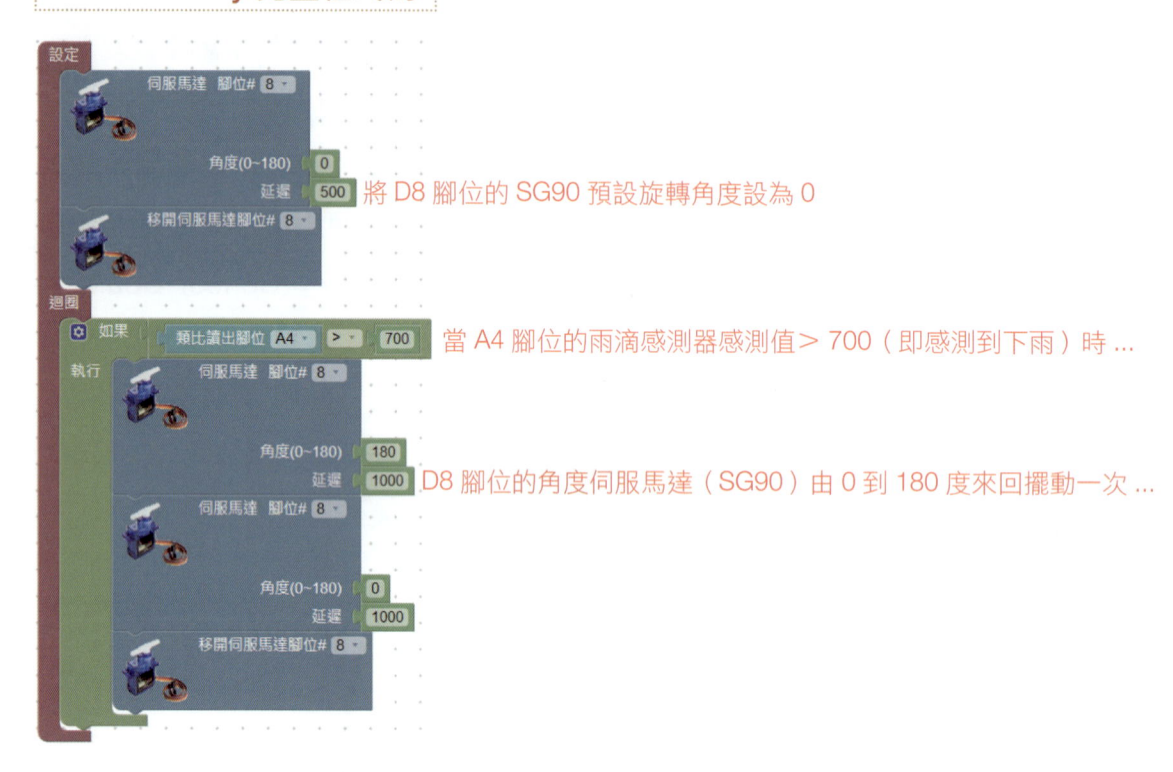

將 D8 腳位的 SG90 預設旋轉角度設為 0

當 A4 腳位的雨滴感測器感測值 > 700（即感測到下雨）時 …

D8 腳位的角度伺服馬達（SG90）由 0 到 180 度來回擺動一次 …

　　將如上圖所示的程式積木堆疊轉換成程式碼上傳至 Arduino 開發板後，一開始在雨滴感測器乾燥的情況下，角度伺服馬達 SG90 會是沒有任何動作的靜止狀態。但若在雨滴感測器上滴上幾滴水之後，一旦雨滴感測器感測到的數值超過程式中所設置的臨界值 700 時，SG90 便會開始來回的擺動，直到雨滴感測器上的水滴被抹除或恢復成乾燥狀態為止。

Arduino C 程式碼與功能相關說明

```
1  #include <Servo.h>
2
3  Servo servo_8;
4  void setup()
5  {
6      pinMode(A4, INPUT);       //設定可讀取雨滴感測器數值的A4腳位為輸入模式
7      servo_8.attach(8);        //綁定指定腳位(此例為D8腳位)的伺服馬達
8      servo_8.write(0);         //設定指定腳位伺服馬達的一開始的旋轉角度為0
9      delay(500);               //等待0.5秒，讓伺服馬達有時間可以旋轉到指定角度
10     servo_8.detach();         //移除指定腳位所綁定的SG90
11 }
12
13 void loop()
14 {
15     //當A4腳位的雨滴感測器感測值>700(即感測到下雨)時，SG90由0到180來回擺動一次...
16     if (analogRead(A4) > 700) {
17         servo_8.attach(8);
18         servo_8.write(180);    //將指定腳位的伺服馬達旋轉至新旋轉角度180
19         delay(1000);
20         servo_8.attach(8);
21         servo_8.write(0);      //將指定腳位的伺服馬達旋轉至新旋轉角度0
22         delay(1000);
23         servo_8.detach();      //移除指定腳位所綁定的SG90
24     }
25 }
```

範例 4 ｜ 土壤溼度感測模組

15 分鐘

自動澆花提醒系統。

現代人由於空間的限制，喜歡在家中或辦公桌上種植一些小盆栽，但又常會因為忙碌的關係疏於澆水照料，以至於盆栽中的植物常因水分不足而慢慢枯萎死亡。因此本範例將以土壤溼度感測器搭配蜂鳴器，隨時監控盆栽的土壤溼度，並在其低於自己所設定的溼度臨界值時，能夠發出警示的聲光來提醒使用者是時候給自己的盆栽補充水分了。

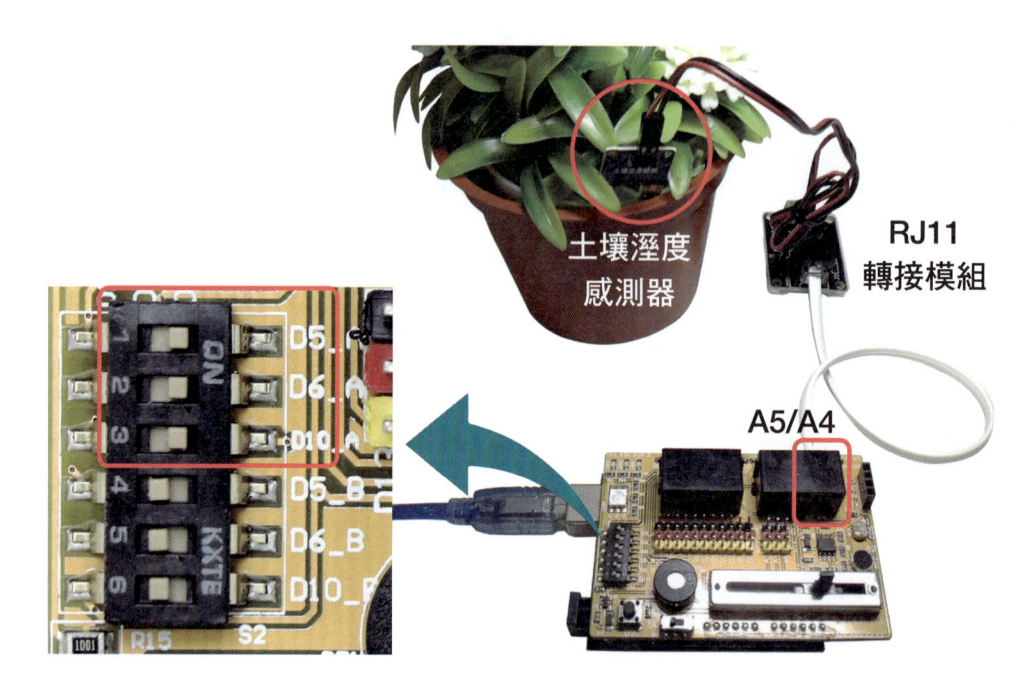

操作流程

1. 以滑桿可變電阻（A0）來設定提醒澆水的土壤溼度臨界值，並將此臨界值與目前的土壤溼度從序列埠監控視窗輸出。
2. 不斷偵測目前土壤溼度感測器（A4）所回傳的數值，看看是否小於步驟 1 中滑桿可變電阻所設定的土壤溼度臨界值。若然，啟動 RGB LED（D6，紅燈）及蜂鳴器（D9）來發出提醒澆花的警示聲光。
3. 倘若土壤溼度感測值大於土壤溼度臨界值，關閉 RGB LED 紅色燈號（D6）及蜂鳴器（D9）。
4. 反覆執行步驟 2～3。

motoBlockly 篇

motoBlockly 完整程式碼

設定
- 設定串列埠 serial 傳輸率 9600 bps

迴圈
- 印出訊息後換行 字串組合
  - " A0= "
  - 類比讀出腳位 A0
  - " ,Soil MOI= "
  - 類比讀出腳位 A4

  在序列埠監控視窗顯示滑桿可變電阻及土壤溼度感測器即時讀值："A0=A0 讀值 ,Soil MOI=A4 讀值"

- 如果 類比讀出腳位 A4 < 類比讀出腳位 A0 當土壤溼度感測值＜滑桿可變電阻設定的臨界值時…
  執行
  - 設定類比腳位 6 資料 50
  - 蜂鳴器 9 聲音頻率 650 延遲週期 500 啟動提醒澆花的紅色 LED 與蜂鳴器
  - 延遲毫秒 500
  - 設定類比腳位 6 資料 0
  - 蜂鳴器 9 聲音頻率 900 延遲週期 500
  - 延遲毫秒 500
- 否則
  - 設定類比腳位 6 資料 0 當土壤濕度感測值＞＝滑桿可變電阻設定的臨界值時…
  - 蜂鳴器 聲音停止 腳位# 9 關閉提醒澆花的紅色 LED 與蜂鳴器

Arduino C 程式碼與功能相關說明

```
1  void setup()
2  {
3      Serial.begin(9600);        //設定串列埠的傳輸速率為9600 bps
4      pinMode(A0, INPUT);        //設定可讀取滑桿可變電阻數值的A0腳位為輸入模式
5      pinMode(A4, INPUT);        //設定可讀取土壤溼度感測器即時溼度的A4腳位為輸入模式
6      pinMode(6, OUTPUT);        //設定可控制RGB LED中紅色LED的D6腳位為輸出模式
7      pinMode(9, OUTPUT);        //設定可控制蜂鳴器的D9腳位為輸出模式
8  }
9
10 void loop()
11 {
12     //在序列埠監控視窗顯示A0腳位的滑桿可變電阻讀值及A4腳位的土壤溼度感測器即時讀值"A0=A0讀值 ,Soil MOI=A4讀值"
13     Serial.println((String("A0=") + String(analogRead(A0)) + String(" ,Soil MOI=") + String(analogRead(A4))));
14     //當A4腳位的土壤溼度感測值 < A0腳位的滑桿可變電阻設定的臨界值時，蜂鳴器與紅色LED發出警示聲光
15     if (analogRead(A4) < analogRead(A0)) {
16         analogWrite(6,50);
17         tone(9,650,500);
18         delay(500);
19         analogWrite(6,0);
20         tone(9,900,500);
21         delay(500);
22     }
23     //當A4腳位的土壤溼度感測值 >= A0腳位的滑桿可變電阻設定的臨界值時，關閉蜂鳴器與紅色LED
24     else {
25         analogWrite(6,0);
26         noTone(9);
27     }
28 }
```

本系統若再加上直流抽水馬達的話，便可以完成一套全自動的澆花系統，其展示影片可參考 https://youtu.be/VgvPGP0P6ck。

5-2 1602 LCD 模組

1602 LCD 簡介

LCD 是液晶顯示器 Liquid-Crystal Display 的縮寫，為一種體積輕薄又功耗低的顯示裝置，在現今被廣泛用來作為呈現文字或影像的顯示器之用，即便像是 Arduino 這樣的單晶片開發板，也有適合的 LCD 可供使用。

如右圖所示，本書使用的 LCD 為垂直方向可顯示 16 行（Row）、水平方向可以顯示 2 列（Column）的 1602 LCD。此款 LCD 預設會從第 1 列的最左邊（左上角）位置開始顯示文字，該處的座標位置為（行：0, 列：0）；以此類推，若要文字從 LCD 第 2 列的最左邊（左下角）開始顯示，則其座標便需改設為（行 0, 列 1）。

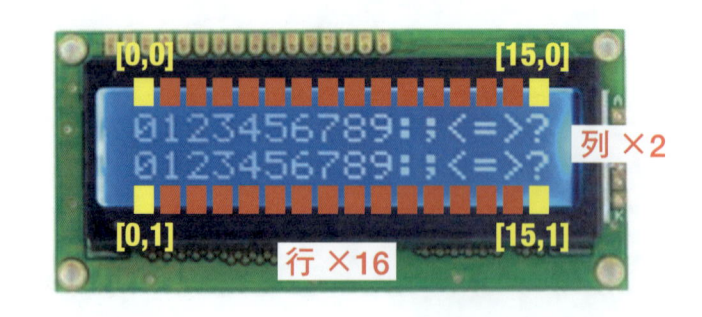

在同一時間裡，1602 LCD 最多可以顯示 16×2=32 個文字，不過目前只能顯示英文、阿拉伯數字及一些特定的符號，除非內建有中文字庫，否則此 LCD 無法顯示任何的中文字。

因為 1602 LCD 上並無 RJ11 的連接孔，因此需透過如下圖右邊的「4Pins 杜邦轉 RJ11 線」與 Sensor Board 對接。4Pins 杜邦線與 LCD 模組對接的腳位需如下圖右所示：**黑色杜邦線接到 LCD 的 GND 腳，紅色杜邦線接到 LCD 的 VCC 腳，黃色杜邦線接到 LCD 的 SDA 腳，綠色杜邦線接到 LCD 的 SCL 腳**。由上至下的杜邦線顏色分別為黑、紅、黃、綠，安裝完畢後記得再檢查一次。

黑色線接 GND
紅色線接 VCC
黃色線接 SDA
綠色線接 SCL

由於 1602 LCD 是走特殊的 I2C 介面，而 Arduino UNO 中支援 I2C 的腳位是 A4（SDA）與 A5（SCL），因此在使用 1602 LCD 時，只能將其對接到 UNO 的 A5/A4 腳位上（Sensor Board 上也有 A5/A4 的 RJ11 插槽可供使用），並選擇 LCD 對應的 I2C 位址後即可使用（該位址於 1602 LCD 出廠時即已內定，不是 0×27 就是 0×3F）。

範例 5 ｜ 1602 LCD 與滑桿可變電阻

15 分鐘

感測數值顯示器。

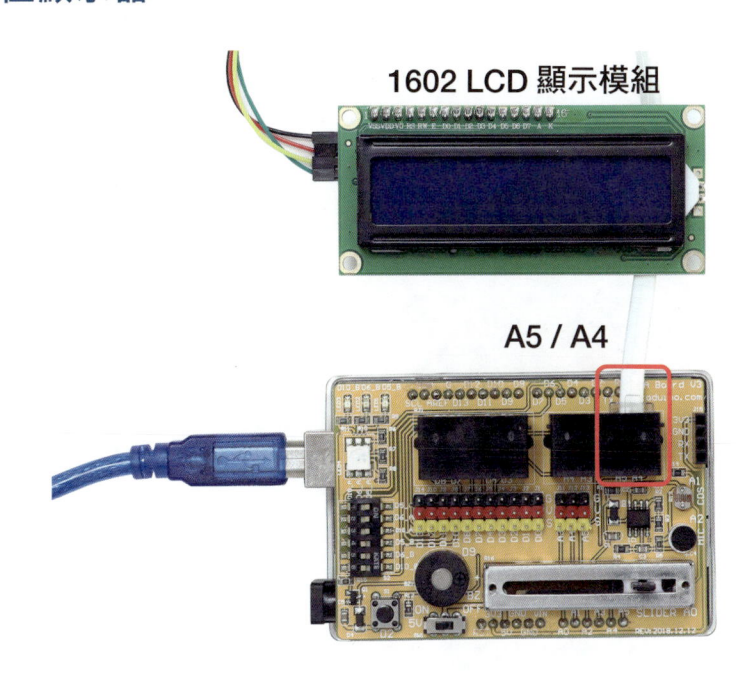

1602 LCD 顯示模組

A5 / A4

　　LCD 除了多被用來當成電視或電腦的螢幕外，其實還可用來當成廣告看板或跑馬燈之用。和一般的 LCD 一樣，1602 LCD 上面的顯示文字是可以隨時更動變換的。本範例將透過簡單的程式設定，讓 1602 LCD 模組可以在螢幕上顯示由滑桿可變電阻（A0）所指定的各種類比腳位感測值。

操作流程

1. 將滑桿可變電阻所回傳的數值，當成是 LCD 顯示 Sensor Board 上三個類比腳位（A0 滑桿可變電阻、A1 光敏感應器、A2 聲音感應器）感測值的切換開關。以滑桿可變電阻目前的位置，決定 LCD 該顯示哪個類比腳位的數值。
2. 當滑桿可變電阻（A0）回傳數值小於 300 時（滑桿可變電阻偏左側），LCD 顯示 A0 滑桿可變電阻值。
3. 當滑桿可變電阻（A0）回傳數值大於等於 300 且小於 600 時（滑桿可變電阻在中間位置），LCD 顯示 A1 光敏電阻感測值。
4. 當滑桿可變電阻（A0）回傳數值大於等於 600 時（滑桿可變電阻偏右側），LCD 顯示 A2 聲音感應器感測值。
5. 反覆讀取滑桿可變電阻（A0）的數值，並依其回傳數值決定執行 2～4 步驟。

motoBlockly 篇

在 motoBlockly 中,所有與 1602 LCD 相關的程式積木均會被放置在「顯示器」群組的『LCD 顯示模組』中。

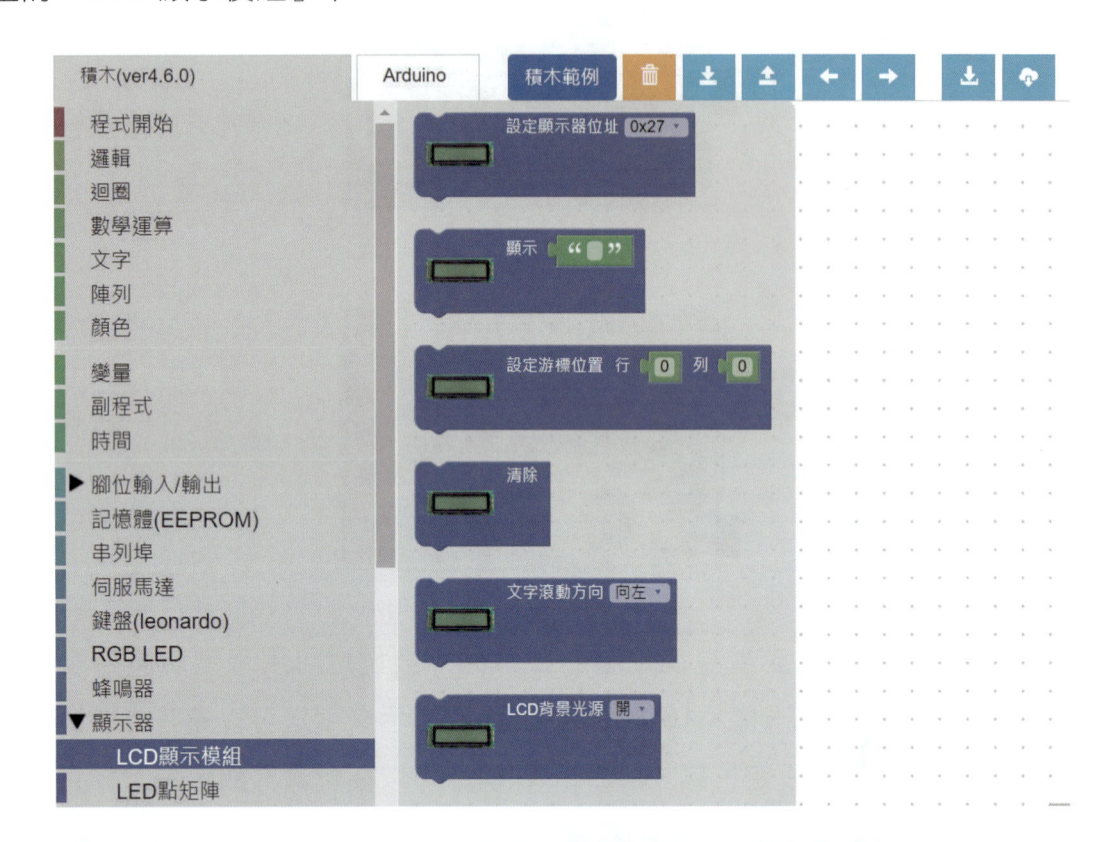

程式積木	功能說明

 設定顯示器位址 0x27	設定 LCD 顯示器模組位址的積木。
	＜設定顯示器位址＞:選擇 LCD 顯示器模組的 I2C 連接位址。目前有 0x27 跟 0x3F 兩個位址可供選擇。
	// 對應程式碼:
	`#include <Wire.h>`
	`#include <motoLiquidCrystal_I2C.h>`
	`LiquidCrystal_I2C mylcd (0x27 / 0x3F, 16, 2);`
	`mylcd.init ( );`
	`mylcd.backlight ( );`

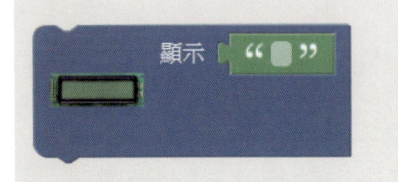 顯示 " "	設定 LCD 顯示器顯示文字的積木。
	《顯示》:設定欲在 LCD 顯示器上顯示的文字。
	// 對應程式碼:
	`mylcd.print ( " 顯示文字 " );`

程式積木	功能說明

 設定游標位置 行 0 列 0	設定 LCD 中文字顯示位置的積木。
	《行》：設定 LCD 上游標顯示的行數（0～15）。
	《列》：設定 LCD 上游標顯示的列數（0～1）。
	垂直為行（Row），水平為列（Column）。
	// 對應程式碼：
	`mylcd.setCursor（Row, Column）;`

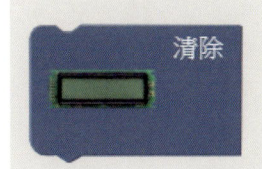 清除	清除目前 LCD 模組上所有顯示文字的積木。
	// 對應程式碼：
	`mylcd.clear（）;`

 LCD文字滾動方向 向左 ▼	設定 LCD 顯示器上文字滾動方向的積木。如此可讓 LCD 上的文字有跑馬燈的效果。 <LCD 文字滾動方向 >：向左或向右。 // 對應程式碼： `mylcd.scrollDisplayLeft（）;`　// 向左 或 `mylcd.scrollDisplayRight（）;`　// 向右
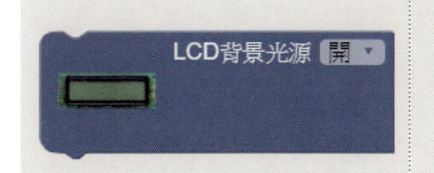 LCD背景光源 開 ▼	設定 LCD 模組背景光源開關的積木。 <LCD 背景光源 >：開或關。 // 對應程式碼： `mylcd.backlight（）;`　// 開 或 `mylcd.noBacklight（）;`　// 關

motoBlockly 完整程式碼

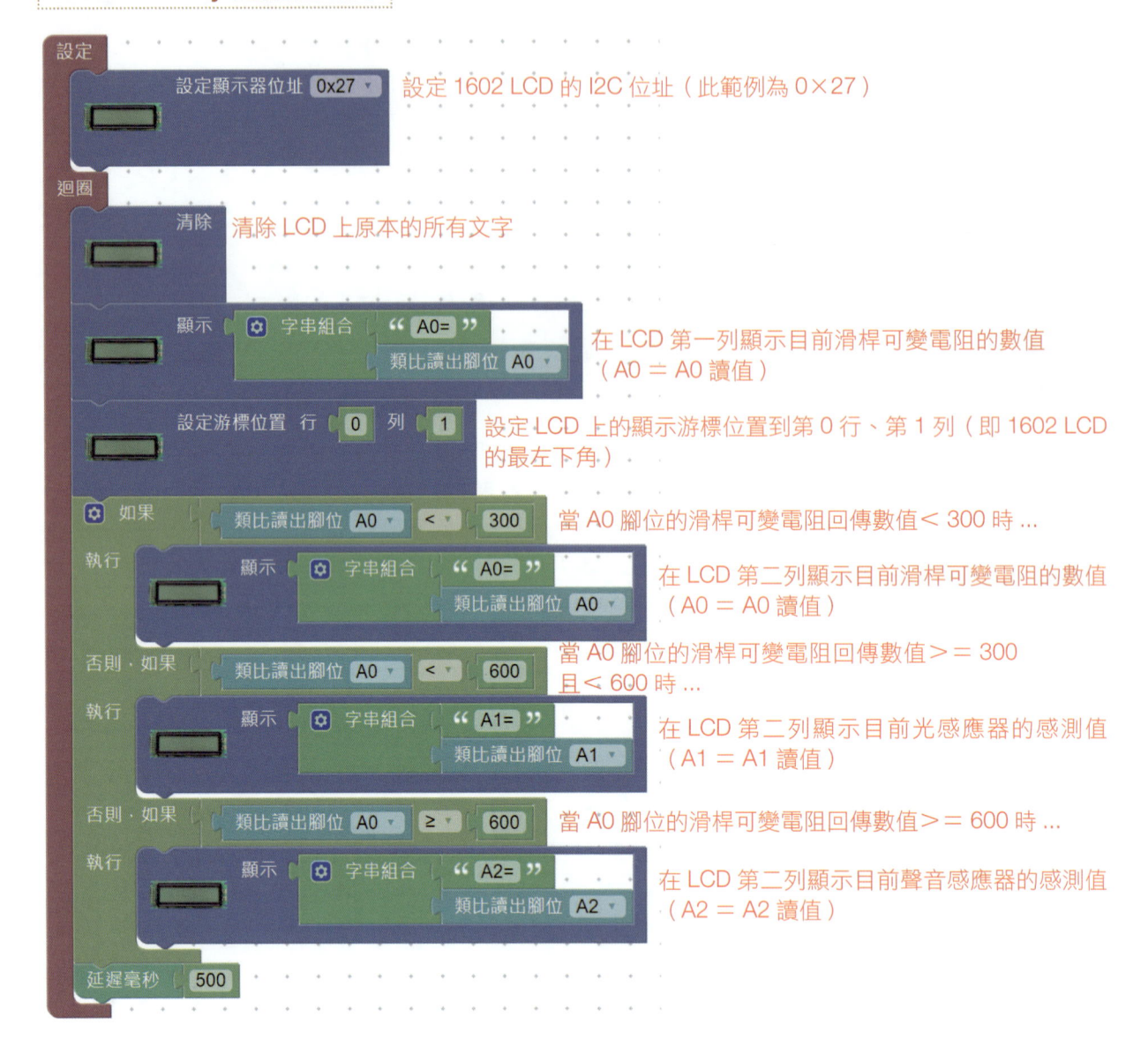

設定
- 設定顯示器位址 0x27 — 設定 1602 LCD 的 I2C 位址（此範例為 0×27）

迴圈
- 清除 — 清除 LCD 上原本的所有文字
- 顯示 字串組合 "A0=" 類比讀出腳位 A0 — 在 LCD 第一列顯示目前滑桿可變電阻的數值（A0＝A0 讀值）
- 設定游標位置 行 0 列 1 — 設定 LCD 上的顯示游標位置到第 0 行、第 1 列（即 1602 LCD 的最左下角）
- 如果 類比讀出腳位 A0 < 300
  - 執行 顯示 字串組合 "A0=" 類比讀出腳位 A0 — 當 A0 腳位的滑桿可變電阻回傳數值＜300 時…在 LCD 第二列顯示目前滑桿可變電阻的數值（A0＝A0 讀值）
- 否則，如果 類比讀出腳位 A0 < 600
  - 執行 顯示 字串組合 "A1=" 類比讀出腳位 A1 — 當 A0 腳位的滑桿可變電阻回傳數值＞＝300 且＜600 時…在 LCD 第二列顯示目前光感應器的感測值（A1＝A1 讀值）
- 否則，如果 類比讀出腳位 A0 ≥ 600
  - 執行 顯示 字串組合 "A2=" 類比讀出腳位 A2 — 當 A0 腳位的滑桿可變電阻回傳數值＞＝600 時…在 LCD 第二列顯示目前聲音感應器的感測值（A2＝A2 讀值）
- 延遲毫秒 500

　　因為 1602 LCD 在清除文字後的預設文字顯示位置為座標（0,0），因此上圖的範例程式在設定（setup）函式中，僅需設定 LCD 的 I2C 位址即可。不過在每次更換新的顯示文字前，都要記得清除原本 LCD 上顯示的舊字串，否則在顯示新字串時，可能會有原本的舊字串殘存在 LCD 螢幕上，造成 LCD 上訊息的混亂。

Arduino C 程式碼與功能相關說明

```
1  #include <Wire.h>
2  #include <motoLiquidCrystal_I2C.h>
3  //設定1602 LCD的I2C位址(0x27)及LCD的行、列數量
4  LiquidCrystal_I2C mylcd(0x27,16,2);
5  void setup()
6  {
7      mylcd.init();          //初始化1602 LCD
8      mylcd.backlight();     //開啟LCD背光
9  
10     pinMode(A0, INPUT);    //設定可讀取滑桿可變電阻數值的A0腳位為輸入模式
11     pinMode(A1, INPUT);    //設定可讀取光感應器數值的A1腳位為輸入模式
12     pinMode(A2, INPUT);    //設定可讀取聲音感應器數值的A2腳位為輸入模式
13  }
14  
15  void loop()
16  {
17     mylcd.clear();         //清除LCD上的所有文字
18     mylcd.print(String("A0=") + String(analogRead(A0)));      //在1602 LCD的第一列顯示目前A0腳位滑桿可變電阻的數值(A0=A0讀值)
19     mylcd.setCursor(0,1); //設定LCD上的顯示游標位置到第0行、第1列(即1602 LCD的最左下角)
20     if (analogRead(A0) < 300) {           //當A0腳位的滑桿可變電阻回傳數值<300時…
21         mylcd.print(String("A0=") + String(analogRead(A0)));  //在1602 LCD的第二列顯示目前A0腳位滑桿可變電阻的數值(A0=A0讀值)
22     } else if (analogRead(A0) < 600) {    //當A0腳位的滑桿可變電阻回傳數值>=300且<600時…
23         mylcd.print(String("A1=") + String(analogRead(A1)));  //在1602 LCD的第二列顯示目前A1腳位光感應器的數值(A1=A1讀值)
24     } else if (analogRead(A0) >= 600) {   //當A0腳位的滑桿可變電阻回傳數值>=600時…
25         mylcd.print(String("A2=") + String(analogRead(A2)));  //在1602 LCD的第二列顯示目前A2腳位聲音感應器的數值(A2=A2讀值)
26     }
27     delay(500);
28  }
```

範例 6 | 1602 LCD

15 分鐘

跑馬燈字幕機。

因為 1602 LCD 有同一列中同時只能顯示 16 個字元的限制，所以若想在 1602 LCD 同一列顯示超過 16 字的較長字串的話，就必須使用 LCD 的捲動（Scroll）功能。此功能除了讓 LCD 每列最多可以顯示至 40 個字元外，執行時還能做到類似廣告或公告跑馬燈的效果。

操作流程

1. 在 LCD 中顯示一串較長的文字字串，本例設為：『Welcome to 1602 LCD Demo Sample...』。
2. 每隔 0.5 秒，LCD 中的文字由右至左移動一個字。
3. 反覆執行步驟 2。

motoBlockly 篇

motoBlockly 完整程式碼

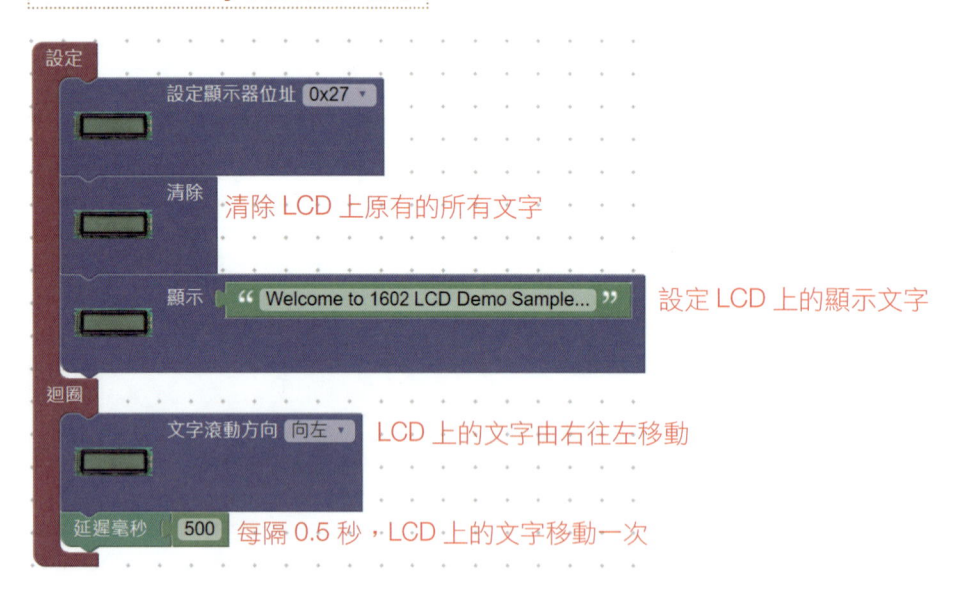

- 設定顯示器位址 0x27
- 清除 ← 清除 LCD 上原有的所有文字
- 顯示 " Welcome to 1602 LCD Demo Sample... " ← 設定 LCD 上的顯示文字
- 迴圈
  - 文字滾動方向 向左 ← LCD 上的文字由右往左移動
  - 延遲毫秒 500 ← 每隔 0.5 秒，LCD 上的文字移動一次

在設定（setup）函式中將所有 LCD 模組的基本設定及欲顯示的字串設定完畢（此練習的顯示字串起始位置為第 0 列的第 0 行），然後再於迴圈（Loop）函式中每隔 0.5 秒呼叫向左捲動字串的函式一次，如此 LCD 上的文字便會以 0.5 秒為週期，不斷地在第 1 列中向左捲動。

Arduino C 程式碼與功能相關說明

```
1  #include <Wire.h>
2  #include <motoLiquidCrystal_I2C.h>
3  LiquidCrystal_I2C mylcd(0x27,16,2); //設定1602 LCD的I2C位址(0x27)及LCD的行、列數量
4  void setup()
5  {
6      mylcd.init();          //初始化1602 LCD
7      mylcd.backlight();     //開啟LCD背光
8      mylcd.clear();         //清除LCD上原有的所有文字
9      mylcd.print("Welcome to 1602 LCD Demo Sample...");  //設定LCD上的顯示文字
10 }
11
12 void loop()
13 {
14     mylcd.scrollDisplayLeft();   //LCD上的文字由右往左移動
15     delay(500);     //每隔0.5秒，LCD上的文字移動一次
16 }
```

5-3 超音波距離感測器

超音波距離感測模組簡介

　　超音波距離感測器是一種透過音波來偵測障礙物距離的感測器。簡言之，超音波感測器之於 Arduino 開發板，就如同眼睛之於人類一樣，不過它只能協助 Arduino 偵測環境周邊障礙物的相對位置（「遠」或「近」），但卻無法辨別到底是什麼障礙物，因此對 Arduino 開發板而言，此元件充其量也只能算是個可提供「類視覺效果」的輸入感測器。

　　如右圖所示，本書所使用的超音波距離感測器型號為 HC-SR04，其造型雖然很像人類的眼睛，但可不是因為它能提供類視覺效果的功能才被做成這樣的造型，而是因為它是利用音波碰到障礙物會反彈的原理（如同蝙蝠、潛水艇的聲納探測）來換算出該障礙物的距離，所以需要藉由如下圖所示的發射端（T：Transmitter）來發射音波，並從另一接收端（R：Receiver）來接收反彈後的音波，經由音波從發射出去到反彈回來的時間差，計算出前方障礙物的距離。其計算公式如下：

障礙物距離 = 音波速度 × 音波發射到接收的時間差 /2

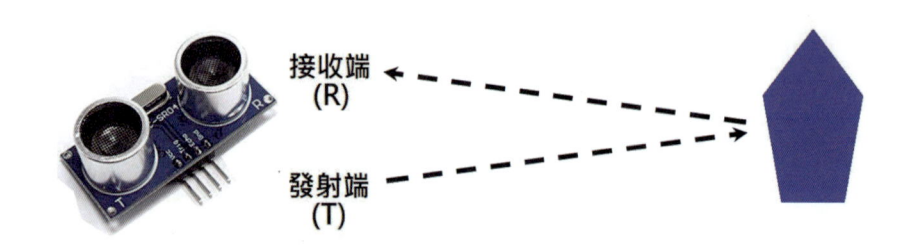

　　和 1602 LCD 一樣，HC-SR04 超音波感測器上也沒有 RJ11 的連接孔，因此需透過如下圖右方的「4Pins 杜邦轉 RJ11 線」與 Sensor Board 對接。另外由於操控 HC-SR04 超音波感測器需要使用兩個腳位分別來連接接收與發射端，因此本例中 4Pins 杜邦線與 HC-SR04 對接的腳位如下圖所示：紅色杜邦線接到 HC-SR04 的 Vcc（電源）腳，綠色杜邦線接到 HC-SR04 的 Trig（發射）腳，黃色杜邦線接到 HC-SR04 的 Echo（接收）腳，黑色杜邦線接到 HC-SR04 的 Gnd（接地）腳。其中綠色與黃色線並非一定得對應 Trig 與 Echo 端，反過來接 Echo 與 Trig 也可以使用，只要記得修改範例程式中對應的程式積木腳位即可。

由於每個 Sensor Board 上的 RJ11 連接孔均會對應 Arduino 的兩個腳位，而 RJ11 連接線上的黃色杜邦線會連接到數字較小的那個腳位。因此若是以上圖的接法為例，並將其接到 Sensor Board 的 D4/D3 連接埠的話，超音波感測器的 Echo 接收端會連接到 Arduino 的數位腳位 D3，Trig 發射端則會連接到 Arduino 的數位腳位 D4，即 Arduino 開發板的 D3、D4 腳位都會被用到。

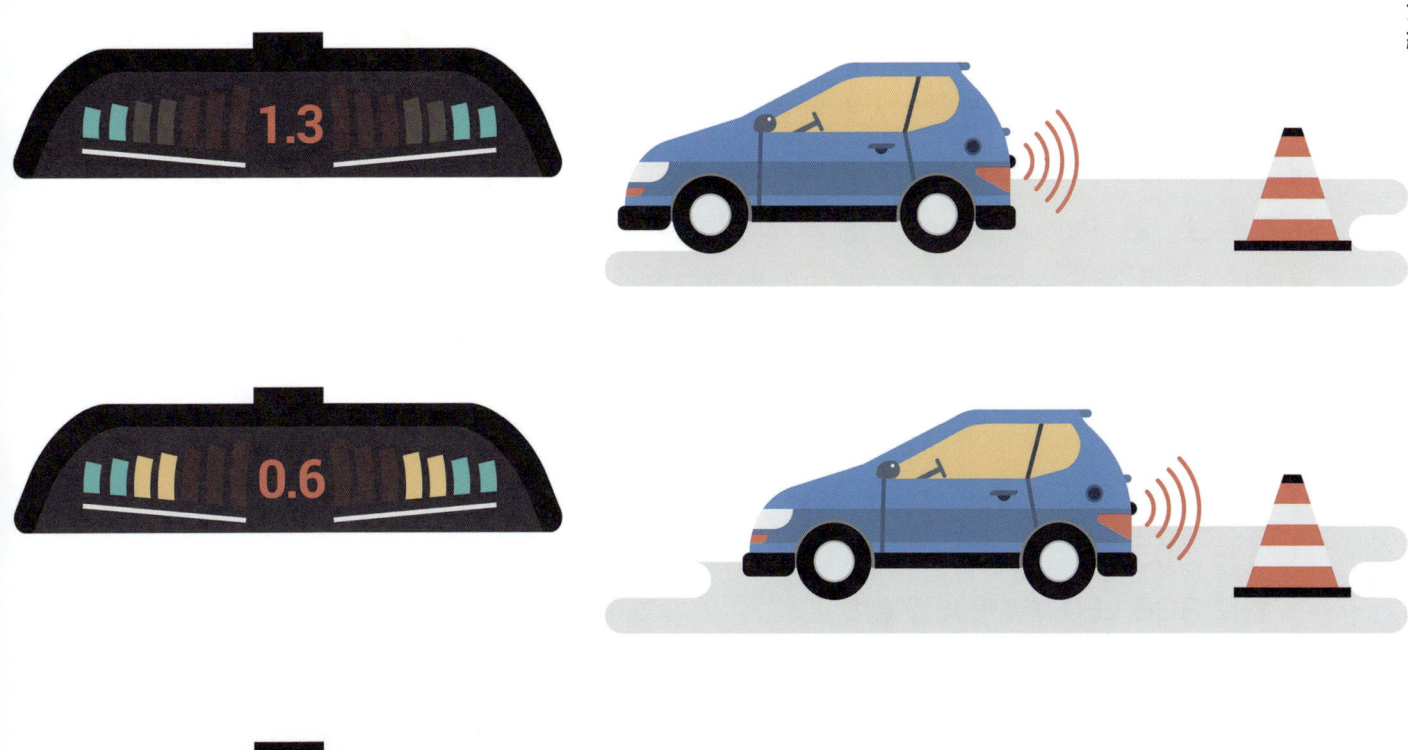

範例 7 ｜ 超音波距離感測器與單色 LED

15 分鐘

玄關自動開燈系統。

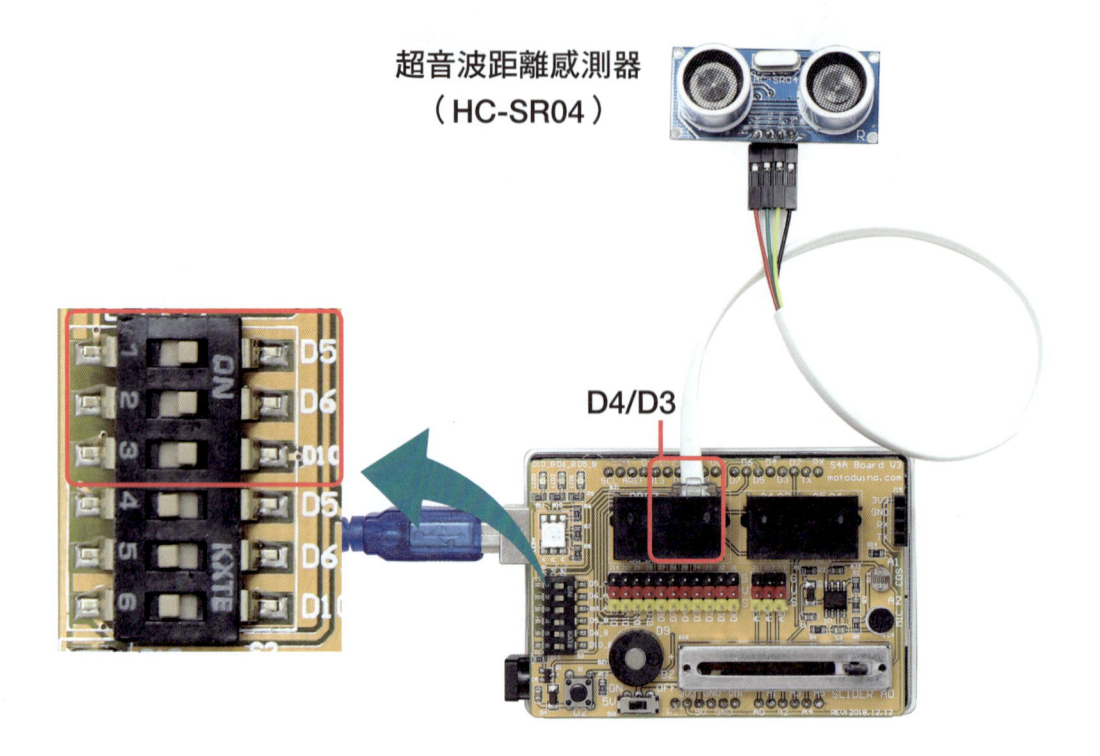

為了方便晚上在家門前能方便找到自家大門的鑰匙，許多房子的大門前都會裝設有人體感測器，一旦偵測到有人進到玄關處，便會自動開啟玄關電燈，方便住戶能縮短進出家門的時間。本範例將利用 HC-SR04 超音波感測器取代一般常見的紅外線人體感應器，讓 Sensor Board 上的 RGB LED 只要有人接近便會自動開啟照明 5 秒後再關閉，藉此做出一套簡易的玄關自動開燈系統。

操作流程

1. 不斷地讀取超音波感測器所量測到的障礙物距離。
2. 當超音波感測器取得的障礙物距離小於臨界設定值（10 cm）時，開啟 RGB LED〔綠（D5）、紅（D6）、藍（D10）三色亮度均設為 255〕，並在維持 5 秒後，關閉 RGB LED（亮度均設為 0）。
3. 反覆執行步驟 1 和 2。

motoBlockly 篇

在 motoBlockly 中，與超音波距離感測器相關的程式積木只有一個，被放置在「感測器」群組中的『超音波』項目裡。

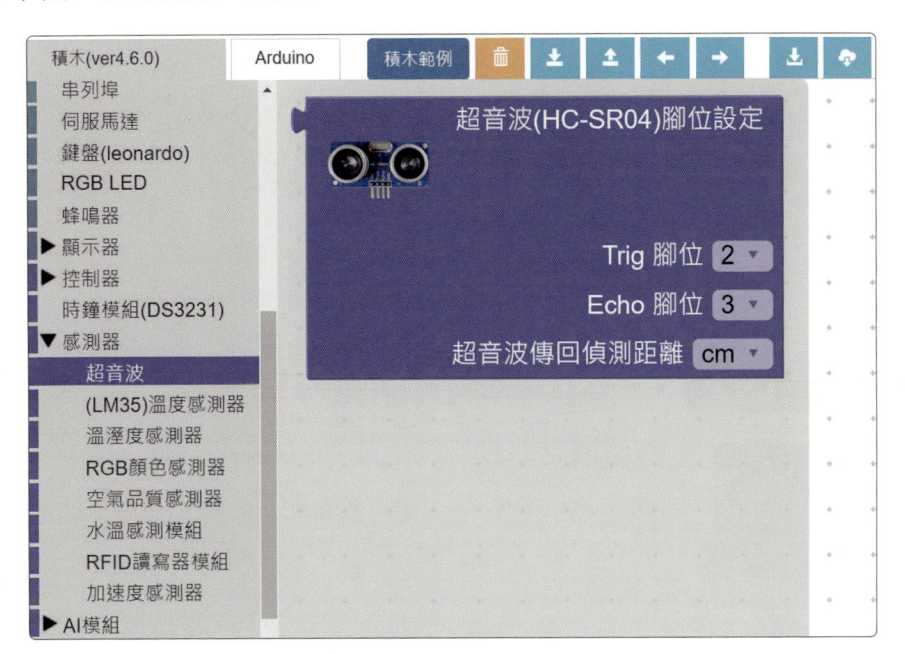

程式積木	功能說明

超音波(HC-SR04)腳位設定
Trig 腳位 2
Echo 腳位 3
超音波傳回偵測距離 cm
	回傳超音波模組感測值的積木。
	<Trig 腳位>：音波發射端腳位。
	<Echo 腳位>：音波接收端腳位。
	<超音波傳回偵測距離>：可選擇超音波測量距離的單位，有公分（cm）和英吋（inch）兩種單位可選擇。
	（1 inch = 2.54 cm）
	// 對應程式碼：
	`float ultrasonic_distance_TrigPin_EchoPin ( ) {`
	`  digitalWrite（TrigPin, LOW）;`
	`  digitalWrite（EchoPin, LOW）;`
	`  delayMicroseconds（5）;`
	`  digitalWrite（TrigPin, HIGH）;`
	`  delayMicroseconds（10）;`
	`  digitalWrite（TrigPin, LOW）;`
	`  unsigned long sonic_duration = pulseIn（EchoPin, HIGH）;`
	`  float distance_cm =（sonic_duration / 2.0）/ 29.1;`
	`  return distance_cm;`
	`}`

motoBlockly 篇

motoBlockly 完整程式碼

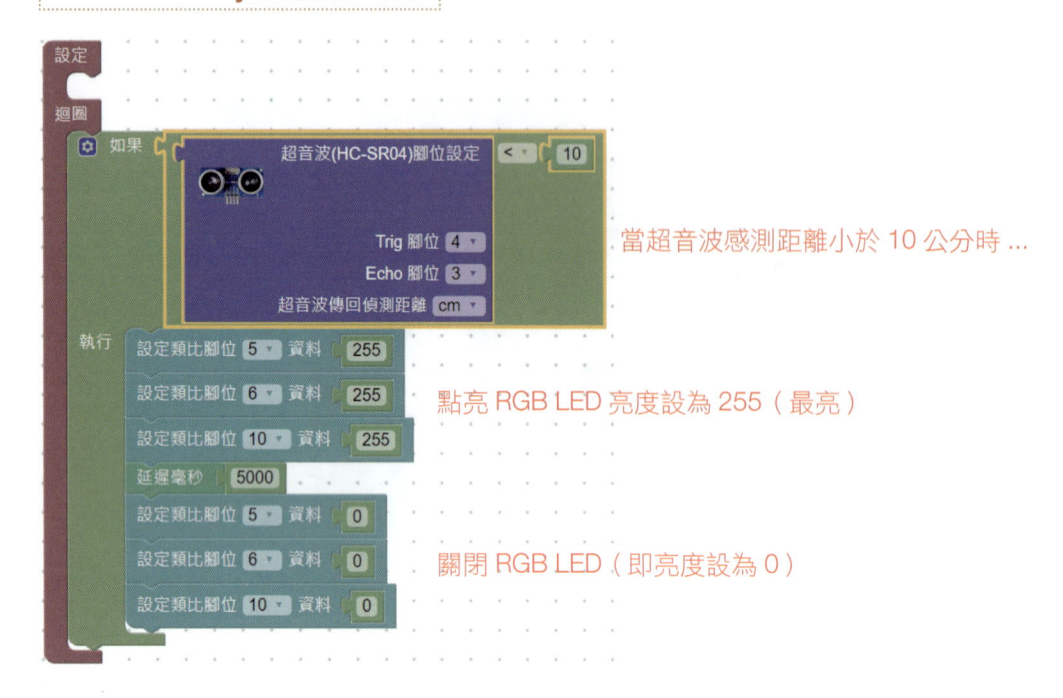

當超音波感測距離小於 10 公分時...

點亮 RGB LED 亮度設為 255（最亮）

關閉 RGB LED（即亮度設為 0）

　　超音波感測器在迴圈（loop）函式中會不停地檢查是否有人接近（檢查超音波回傳距離值是否小於 10），一旦偵測到有人接近（超音波回傳距離值小於 10），便會將 RGB LED 的所有燈號開到最亮，並在照明 5 秒後自動關閉。

Arduino C 程式碼與功能相關說明

```
1  //超音波距離感測模組操控副程式
2  float ultrasonic_distance_4_3() {
3      digitalWrite(4, LOW);
4      digitalWrite(3, LOW);
5      delayMicroseconds(5);
6      digitalWrite(4, HIGH);
7      delayMicroseconds(10);
8      digitalWrite(4, LOW);
9      unsigned long sonic_duration = pulseIn(3, HIGH);
10     float distance_cm = (sonic_duration / 2.0) / 29.1;
11     return distance_cm;
12 }
13
14 void setup()
15 {
16     pinMode( 4 , OUTPUT);  //設定可控制超音波感測器發射(Trig)音波的D4腳位為輸出模式
17     pinMode( 3 , INPUT);   //設定可讀取超音波感測器接收(Echo)音波的D3腳位為輸入模式
18     pinMode(5, OUTPUT);    //設定可控制RGB LED綠色LED的D5腳位為輸出模式
19     pinMode(6, OUTPUT);    //設定可控制RGB LED紅色LED的D6腳位為輸出模式
20     pinMode(10, OUTPUT);   //設定可控制RGB LED藍色LED的D10腳位為輸出模式
21 }
22
23 void loop()
24 {
25     if (ultrasonic_distance_4_3( ) < 10) {   //當超音波感測障礙物的距離小於10公分時…
26         analogWrite(5,255);
27         analogWrite(6,255);     //將控制RGB LED的D5、D6、D10輸出值設為255，開啟RGB LED
28         analogWrite(10,255);
29         delay(5000);            //維持RGB LED開啟狀態5000毫秒(即5秒鐘)
30         analogWrite(5,0);
31         analogWrite(6,0);       //將控制RGB LED的D5、D6、D10輸出值設為0，關閉RGB LED
32         analogWrite(10,0);
33     }
34 }
```

範例 8 ｜ 超音波距離感測器與蜂鳴器

15 分鐘

倒車雷達。

倒車雷達系統已是現今汽車出廠時均會配置的標準配備，主要是讓駕駛人在倒車時可藉由聲音頻率的緩急來判斷後方障礙物距離的遠近，從而避免倒車事故的發生。本範例將利用同樣可以感測障礙物距離的超音波感測器，再搭配 Sensor Board 上的蜂鳴器，自製出一個類似功能的倒車雷達。

操作流程

1. 不斷地讀取超音波感測器所量測到的障礙物距離。
2. 當超音波感測器回傳的障礙物距離小於臨界設定值（50 cm）時，開始執行倒車雷達的警示動作：開啟 RGB LED 紅色燈（D6）、並讓蜂鳴器（D9）發出聲音，在聲光同時維持「障礙物距離 x20」毫秒後，關閉 RGB LED 與蜂鳴器，並同樣維持「障礙物距離 x20」毫秒。
3. 反覆執行步驟 1 和 2。

motoBlockly 篇

motoBlockly 完整程式碼

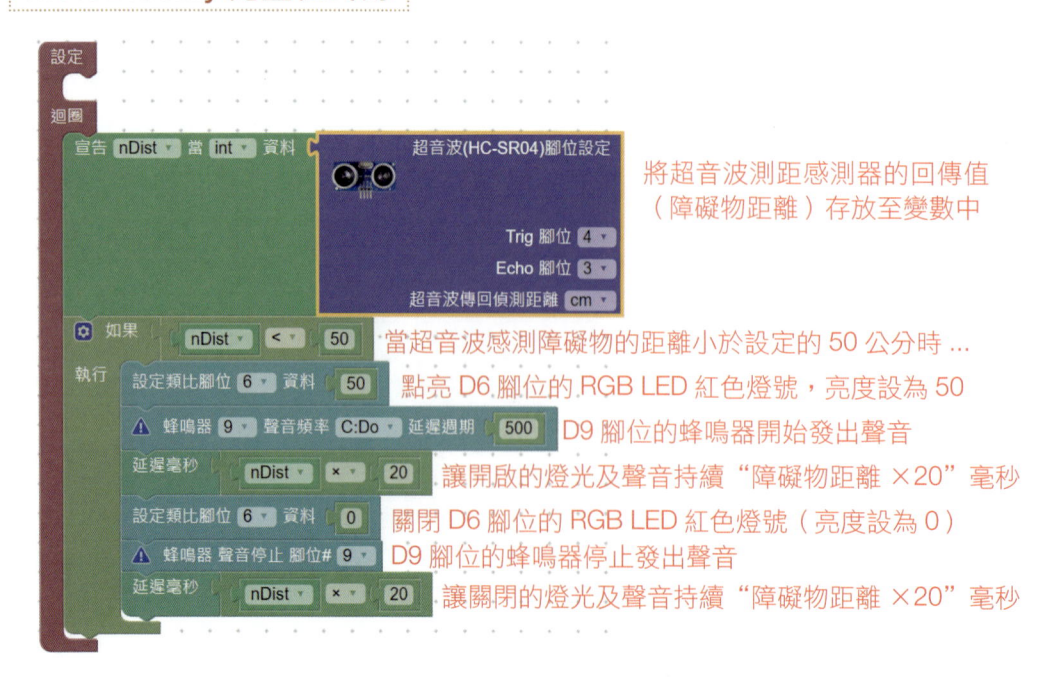

- 將超音波測距感測器的回傳值（障礙物距離）存放至變數中
- 當超音波感測障礙物的距離小於設定的 50 公分時 ...
- 點亮 D6 腳位的 RGB LED 紅色燈號，亮度設為 50
- D9 腳位的蜂鳴器開始發出聲音
- 讓開啟的燈光及聲音持續"障礙物距離 ×20"毫秒
- 關閉 D6 腳位的 RGB LED 紅色燈號（亮度設為 0）
- D9 腳位的蜂鳴器停止發出聲音
- 讓關閉的燈光及聲音持續"障礙物距離 ×20"毫秒

因為倒車雷達的警示動作會在障礙物出現在某臨界距離內時才會開始運作，而本範例將該臨界距離設為 50 公分。程式上傳後可以手掌或書本慢慢靠近或遠離超音波感測器，一旦偵測到障礙物靠近且距離又小於 50 公分（cm）時，位於腳位 D9 的蜂鳴器便會開始發出警示音，Sensor Board 上腳位 D6 的紅色 LED 也會跟隨蜂鳴器的聲音來點亮熄滅。倒車雷達的警示聲音與燈光頻率會與障礙物接近的距離成正比，越近則越急促，越遠則越和緩，超過 50 公分之外便停止執行警示動作。

Arduino C 程式碼與功能相關說明

```
1  //超音波距離感測模組操控副程式
2  float ultrasonic_distance_4_3() {
3      digitalWrite(4, LOW);
4      digitalWrite(3, LOW);
5      delayMicroseconds(5);
6      digitalWrite(4, HIGH);
7      delayMicroseconds(10);
8      digitalWrite(4, LOW);
9      unsigned long sonic_duration = pulseIn(3, HIGH);
10     float distance_cm = (sonic_duration / 2.0) / 29.1;
11     return distance_cm;
12 }
13
14 int  nDist;    //宣告一個可存放超音波測距感測器回傳值的變數
15 void setup()
16 {
17     pinMode( 4 , OUTPUT);  //設定可控制超音波感測器發射(Trig)音波的D4腳位為輸出模式
18     pinMode( 3 , INPUT);   //設定可讀取超音波感測器接收(Echo)音波的D3腳位為輸入模式
19     pinMode(6, OUTPUT);    //設定可控制RGB LED紅色LED的D6腳位為輸出模式
20     pinMode(9, OUTPUT);    //設定可控制蜂鳴器的D9腳位為輸出模式
21 }
22
23 void loop()
24 {
25     //將超音波測距感測器的回傳值存放至變數nDist中
26     nDist = ultrasonic_distance_4_3( );
27     if (nDist < 50) {      //當超音波感測障礙物的距離小於設定的50公分時...
28         analogWrite(6,50); //點亮D6腳位的RGB LED紅色燈號，亮度設為50
29         tone(9,523,500);   //D9腳位的蜂鳴器開始發出聲音
30         delay((nDist * 20)); //讓開啟的燈光及聲音持續"障礙物距離x20"毫秒
31         analogWrite(6,0);  //關閉D6腳位的RGB LED紅色燈號，亮度設為0
32         noTone(9);         //D9腳位的蜂鳴器停止發出聲音
33         delay((nDist * 20)); //讓關閉的燈光及聲音持續"障礙物距離x20"毫秒
34     }
35 }
```

實作題

1 雨滴感測數值顯示器

請設計一個程式，將接在 A4/A3 腳位的雨滴感測器所量測到的數值即時顯示在 1602 LCD 上。

創客指標

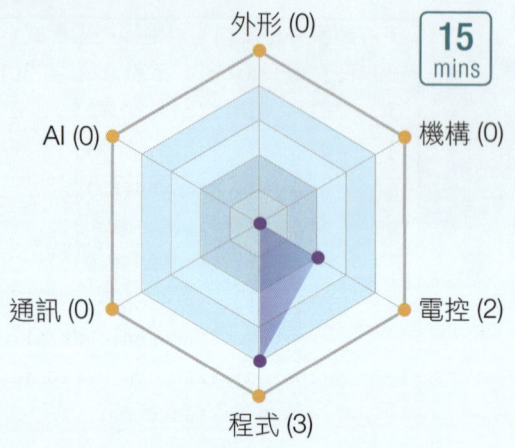

外形	機構	電控	程式	通訊	AI	創客總數
0	0	2	3	0	0	5

15 mins

外形 (0)、機構 (0)、電控 (2)、程式 (3)、通訊 (0)、AI (0)

MLC 認證編號：A012008

2 超音波防盜系統

請設計一個程式，將接在 D4/D3 腳位的超音波距離感測器所量測到的障礙物距離顯示在 1602 LCD 上，並在偵測到有物體進入 10 公分的範圍內時，讓蜂鳴器發出警報聲。

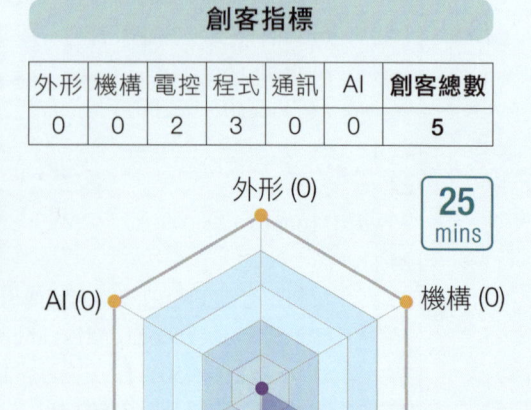

創客指標

外形	機構	電控	程式	通訊	AI	創客總數
0	0	2	3	0	0	5

25 mins

外形 (0)、機構 (0)、電控 (2)、程式 (3)、通訊 (0)、AI (0)

MLC 認證編號：A012009

實作題參考答案

第 2 章

1

設定
迴圈
設定數位腳位 5 為 高
設定數位腳位 6 為 低
設定數位腳位 10 為 低
延遲毫秒 500
設定數位腳位 5 為 低
設定數位腳位 6 為 高
設定數位腳位 10 為 低
延遲毫秒 500
設定數位腳位 5 為 低
設定數位腳位 6 為 低
設定數位腳位 10 為 高
延遲毫秒 500

```
1  void setup()
2  {
3      pinMode(5, OUTPUT);
4      pinMode(6, OUTPUT);
5      pinMode(10, OUTPUT);
6  }
7
8  void loop()
9  {
10     digitalWrite(5,HIGH);
11     digitalWrite(6,LOW);
12     digitalWrite(10,LOW);
13     delay(500);
14     digitalWrite(5,LOW);
15     digitalWrite(6,HIGH);
16     digitalWrite(10,LOW);
17     delay(500);
18     digitalWrite(5,LOW);
19     digitalWrite(6,LOW);
20     digitalWrite(10,HIGH);
21     delay(500);
22 }
```

```
1  void JingleBell() {
2      for (int count = 0; count < 2; count++) {
3          tone(9,659,300);
4          delay(400);
5          tone(9,659,300);
6          delay(400);
7          tone(9,659,400);
8          delay(800);
9      }
10     tone(9,659,300);
11     delay(400);
12     tone(9,784,300);
13     delay(400);
14     tone(9,523,300);
15     delay(400);
16     tone(9,587,300);
17     delay(400);
18     tone(9,659,500);
19     delay(1000);
20 }
21
22 void setup()
23 {
24     pinMode(2, INPUT);
25     pinMode(9, OUTPUT);
26 }
27
28 void loop()
29 {
30     if (digitalRead(2) == HIGH) {
31         JingleBell();
32     }
33 }
```

第 3 章

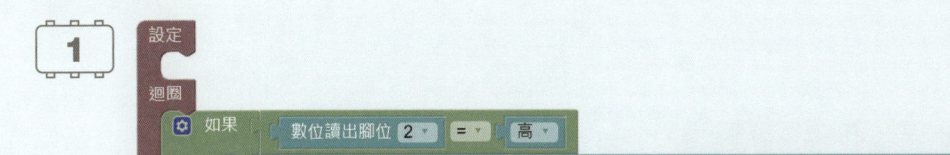

1

```
void setup()
{
    pinMode(2, INPUT);
    pinMode(A0, INPUT);
    pinMode(9, OUTPUT);
}

void loop()
{
    if (digitalRead(2) == HIGH) {
        tone(9,(map(analogRead(A0),0,1023,262,2048)),300);
    }
}
```

2

```
int  nBrightness;
int  nStep;
void setup()
{
    pinMode(5, OUTPUT);
    pinMode(6, OUTPUT);
    pinMode(10, OUTPUT);
    nBrightness = 5;
    nStep = 5;
}

void loop()
{
    analogWrite(5,nBrightness);
    analogWrite(6,nBrightness);
    analogWrite(10,nBrightness);
    if (nBrightness == 0 || nBrightness == 255) {
        nStep = nStep * -1;
    }
    nBrightness = nBrightness + nStep;
    delay(100);
}
```

第 4 章

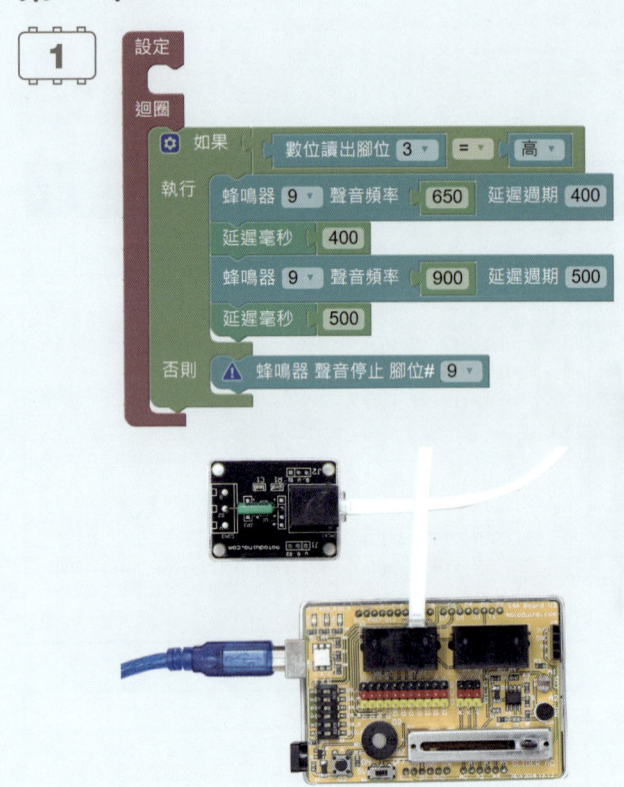

1

```
void setup()
{
    pinMode(3, INPUT);
    pinMode(9, OUTPUT);
}

void loop()
{
    if (digitalRead(3) == HIGH) {
        tone(9,650,400);
        delay(400);
        tone(9,900,500);
        delay(500);
    } else {
        noTone(9);
    }
}
```

2

```
void setup()
{
    pinMode(A3, INPUT);
    pinMode(10, OUTPUT);
    pinMode(5, OUTPUT);
}

void loop()
{
    if (analogRead(A3) <= 100) {
        digitalWrite(10,HIGH);
        analogWrite(5,255);
    } else if (analogRead(A3) >= 900) {
        digitalWrite(10,LOW);
        analogWrite(5,255);
    } else {
        analogWrite(5,0);
    }
}
```

第 5 章

1

```
1  #include <Wire.h>
2  #include <motoLiquidCrystal_I2C.h>
3  LiquidCrystal_I2C mylcd(0x27,16,2);
4  void setup()
5  {
6      mylcd.init();
7      mylcd.backlight();
8      pinMode(A3, INPUT);
9  }
10
11 void loop()
12 {
13     mylcd.clear();
14     mylcd.print(String("A3=") + String(analogRead(A3)));
15     delay(500);
16 }
```

```
1  #include <Wire.h>
2  #include <motoLiquidCrystal_I2C.h>
3  LiquidCrystal_I2C mylcd(0x27,16,2);
4
5  float ultrasonic_distance_4_3() {
6      digitalWrite(4, LOW);
7      digitalWrite(3, LOW);
8      delayMicroseconds(5);
9      digitalWrite(4, HIGH);
10     delayMicroseconds(10);
11     digitalWrite(4, LOW);
12     unsigned long sonic_duration = pulseIn(3, HIGH);
13     float distance_cm = (sonic_duration / 2.0) / 29.1;
14     return distance_cm;
15 }
16
17 int  nDist;
18 void setup()
19 {
20     mylcd.init();
21     mylcd.backlight();
22     pinMode( 4 , OUTPUT);
23     pinMode( 3 , INPUT);
24     pinMode(6, OUTPUT);
25     pinMode(9, OUTPUT);
26 }
27
28 void loop()
29 {
30     nDist = ultrasonic_distance_4_3( );
31     mylcd.clear();
32     mylcd.print(String("Distance=") + String(nDist));
33     if (nDist < 10) {
34         for (int count = 0; count < 3; count++) {
35             analogWrite(6,50);
36             tone(9,650,400);
37             delay(400);
38             analogWrite(6,0);
39             tone(9,900,500);
40             delay(500);
41         }
42     } else {
43         delay(100);
44     }
45 }
```

書　　　名	**Arduino智慧生活基礎應用** -使用圖控化motoBlockly程式語言
書　　　號	PN031
版　　　次	2018年 6月初版 2021年11月二版
編　著　者	慧手科技 徐瑞茂・林聖修
總　編　輯	張忠成
責任編輯	兆儀文化 康芳儀
校對次數	9次
版面構成	魏怡茹
封面設計	魏怡茹

> 國家圖書館出版品預行編目資料
>
> Arduino智慧生活基礎應用
> -使用圖控化motoBlockly程式語言 /
> 慧手科技, 徐瑞茂, 林聖修編著.
> -- 二版. -- 新北市：台科大圖書, 2021.11
> 　　　　　　　　　　　面；　　公分
> ISBN 978-986-523-344-0(平裝)
>
> 1.微電腦 2.電腦程式語言
>
> 471.516　　　　　　　　　110016215

出　版　者	台科大圖書股份有限公司
門市地址	24257新北市新莊區中正路649-8號8樓
電　　　話	02-2908-0313
傳　　　真	02-2908-0112
網　　　址	tkdbooks.com
電子郵件	service@jyic.net
版權宣告	**有著作權　侵害必究** 本書受著作權法保護。未經本公司事前書面授權，不得以任何方式（包括儲存於資料庫或任何存取系統內）作全部或局部之翻印、仿製或轉載。 書內圖片、資料的來源已盡查明之責，若有疏漏致著作權遭侵犯，我們在此致歉，並請有關人士致函本公司，我們將作出適當的修訂和安排。
郵購帳號	19133960
戶　　　名	台科大圖書股份有限公司 ※郵撥訂購未滿1500元者，請付郵資，本島地區100元 / 外島地區200元
客服專線	0800-000-599
網路購書	PChome商店街　JY國際學院 博客來網路書店　台科大圖書專區
各服務中心	總　　公　　司　02-2908-5945　　台中服務中心　04-2263-5882 台北服務中心　02-2908-5945　　高雄服務中心　07-555-7947

線上讀者回函
歡迎給予鼓勵及建議
tkdbooks.com/PN031

Motoduino Arduino 智慧生活基礎應用教具箱

產品編號：0121001
建議售價：$2,050

特色：

1. 本書搭配慧手科技的 S4A Sensor Board 互動學習板，透過簡易有趣的範例，初學者也能快速上手 Arduino。
2. 利用 6P4C 的 RJ11 線外接各式感測元件，減少硬體接線及除錯的時間，輕鬆學會生活中的基礎應用。
3. 使用簡單易懂的圖控式程式語言 motoBlockly 與 mBlock 編寫，可直接轉成 Arduino 程式碼，方便學習邏輯概念。

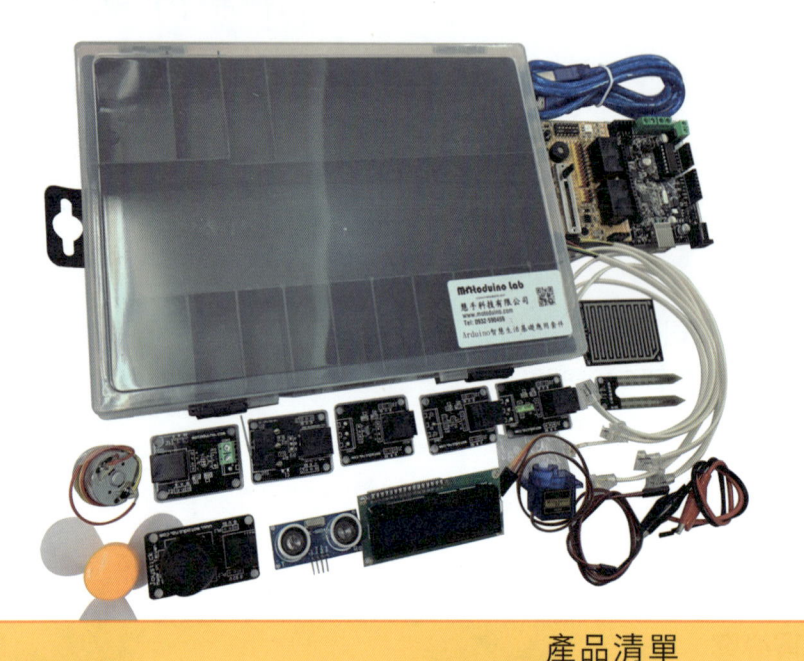

Maker 指定教材

輕課程 Arduino 智慧生活基礎應用 - 使用圖控化 motoBlockly 程式語言
書號：PN031
作者：慧手科技．徐瑞茂．林聖修
建議售價：$350

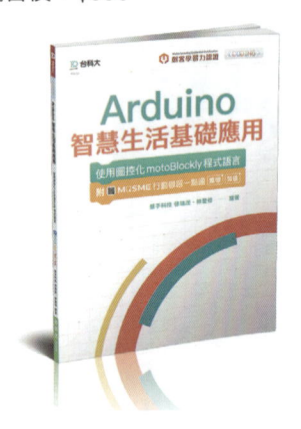

產品清單

項目	數量	項目	數量
 Motoduino U1 控制板 ×1		S4A Sensor Board 互動學習板 V3 ×1	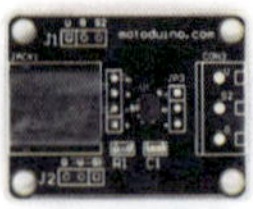 LM35 溫度感測模組 ×1
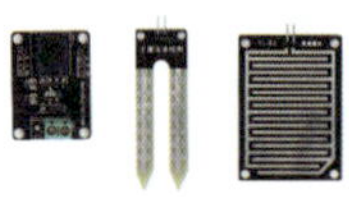 雨滴與土壤濕度感測模組 ×1	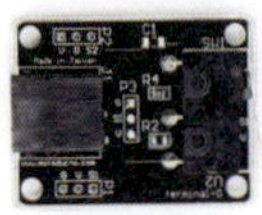	碰撞 / 微動開關模組 ×1	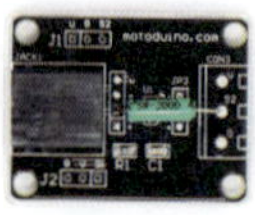 傾斜開關模組 ×1
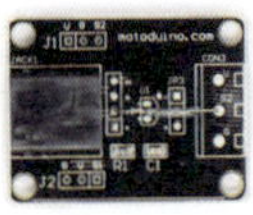 彈簧開關模組 ×1		類比搖桿模組 ×1	 SG90 伺服馬達 ×1
 小馬達 ×1		小風扇葉片 ×1	 USB 線 ×1
 2pin 紅黑杜邦線 ×1		雙頭鱷魚夾線 ×1	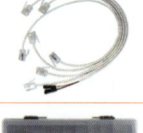 RJ11 線 ×4 / RJ11 轉 4pin 線 ×2
 超音波模組 ×1		LCD 模組 ×1	收納盒 ×1